博碩文化

U0086599

Sora

引領影像創作革命的力量

Kevin Chen 著

揭開 AI 技術革新如何做到文字生成影片，掀起產業的轉型浪潮與挑戰，改寫人類未來的學習路徑

Sora 提升影視製作的效率，引發各種形式的 AI 應用，具有龐大的商業價值

| 從ChatGPT到Sora的AI技術革命 | Sora的誕生和爆發 | Sora多模態跨越式突破 |
| Sora技術報告全解讀 | Sora邁向通用AI | Sora成功背後的技術路線 | Sora帶來的產業變革 |

Sora 引領影像創作革命的力量

揭開AI技術革新如何做到文字生成影片，掀起產業的轉型浪潮與挑戰，改寫人類未來的學習路徑

作　　者：Kevin Chen（陳根）
責任編輯：曾婉玲

董 事 長：曾梓翔
總 編 輯：陳錦輝

出　　版：博碩文化股份有限公司
地　　址：221 新北市汐止區新台五路一段 112 號 10 樓 A 棟
　　　　　電話 (02) 2696-2869　傳真 (02) 2696-2867

郵撥帳號：17484299　戶名：博碩文化股份有限公司
博碩網站：http://www.drmaster.com.tw
讀者服務信箱：dr26962869@gmail.com
讀者服務專線：(02) 2696-2869 分機 238、519
（週一至週五 09:30 ～ 12:00；13:30 ～ 17:00）

版　　次：2024 年 6 月初版

建議零售價：新台幣 600 元
Ｉ Ｓ Ｂ Ｎ：978-626-333-888-3（平裝）
律師顧問：鳴權法律事務所 陳曉鳴 律師

本書如有破損或裝訂錯誤，請寄回本公司更換

國家圖書館出版品預行編目資料

Sora 引領影像創作革命的力量：揭開 AI 技術革新如何
做到文字生成影片，掀起產業的轉型浪潮與挑戰，改寫
人類未來的學習路徑 /Kevin Chen 著 . -- 初版 . -- 新北
市：博碩文化股份有限公司 , 2024.06
　面；　公分

ISBN 978-626-333-888-3(平裝)

1.CST: 人工智慧 2.CST: 數位影像處理 3.CST: 產業發
展

312.83　　　　　　　　　　　　　　113008115

Printed in Taiwan

歡迎團體訂購，另有優惠，請洽服務專線
博碩粉絲團　(02) 2696-2869 分機 238、519

序言

2022 年底，ChatGPT 橫空問世。作為人工智慧的里程碑，ChatGPT 的誕生，讓人工智慧終於從之前的人工智障，走向了真正類人的人工智慧，並點燃了新一輪的 AI 熱潮。當很多人還沒從 ChatGPT 的震撼中走出來，還在適應 ChatGPT 給我們生活帶來的改變時，一手締造 ChatGPT 的 OpenAI 又打開了新局面。

2024 年初，OpenAI 再發大招，發布了其第一個文字生成影片大模型 Sora，一石激起千層浪。Sora 被認為是文字生成影片領域的史詩級產品，只需要一條指令，Sora 就能生成長達 60 秒的高度精細影片，包含複雜的背景、運鏡和角色，實現一鏡到底和多機位切換的雙重效果，畫面既高清連貫又風格多變，生動展現人物神態和風景動態。這意謂著，使用者只需要透過簡單的文字描述，就可以讓 Sora 創造出幾乎任何場景的影片，從而極大拓寬了影片內容創作的邊界和可能性。

Sora 不僅是人工智慧在內容創造領域上的又一個重要進步，更是把多模態帶向一個新的發展階段。對於人類來說，多模態就是將多種感官進行融合；對於人工智慧來說，多模態則是指多種資料類型再加上多種智慧處理演算法。不同模態都有各自擅長的事情，而這些資料之間的有效融合，不僅可以實現比單個模態更好的效果，還可以做到單個模態無法完成的事情。

顯然的，如果想要實現通用人工智慧，就意謂著人工智慧必須能像人類一樣即時、高效、準確、符合邏輯地處理這個世界上所有模態的資訊，完成各類跨模態或多模態任務。這意謂著，未來真正的通用人工智慧必然是與人類相仿的，能夠同時利用視覺、聽覺、觸覺等多種感知模態來理解世界，並且

將這些不同模態的資訊進行有效整合和綜合。從這個角度來看，Sora 作為多模態的跨越式突破，有望進一步拓展人工智慧的應用領域，推動通用人工智慧的加速到來。

Sora 的價值還不止於此，除了是一個文字生成影片大模型，Sora 更重要的突破或者說真正革命性的突破，就是它能夠理解用戶的需求，並且還能夠理解這種需求在物理世界中的存在方式。也就是說，Sora 能夠透過學習影片來理解現實世界的動態變化，並用電腦視覺技術模擬這些變化，從而創造出新的視覺內容。換句話說，Sora 學習的不僅僅是影片，也不僅僅是影片裡的畫面、像素，而是在學習影片裡面這個世界的物理規律。

就像 ChatGPT 一樣，ChatGPT 不僅僅是一個聊天機器人，其帶來最核心的進化是讓 AI 擁有了類人的語言邏輯能力。Sora 最終想做的也不僅僅是一個文字生成影片的工具，而是一個通用的現實物理世界模擬器，也就是世界模型，為真實世界建模。正如 OpenAI 在技術報告裡指出的，Sora 有望構建出能夠模擬物理世界的通用模擬器。

這就是為什麼馬斯克會說：「人類願賭服輸」（gg humans），「出門問問」創辦人李志飛感嘆：「物理和虛擬世界都被建模和模擬了，到底什麼是現實？」Sora 讓我們看到，技術的發展或許是有跡可循的，但技術的突破節點卻真的無法預測，誰也沒想到在 ChatGPT 誕生一年後，Sora 就這樣橫空出世了。

可以肯定地說，Sora 對社會的衝擊絕對不會小於一年前 ChatGPT 對社會的衝擊，Sora 的誕生幾乎讓影視製作行業一夕變了天，Sora 不僅大大降低影片製作的成本，並且進一步向短影片、新媒體、廣告行銷、遊戲、醫療等社會生產和生活的多個領域滲透，呈現出巨大的應用和潛在價值。本書正是立基

於此，以 Sora 為主題，介紹 Sora 的誕生和爆發，以及 Sora 成功背後的技術路線，對 Sora 帶來的產業變革進行細緻和深入的分析。Sora 在帶來巨大變革的同時，也讓人類面對著前所未有的挑戰，例如：技術瓶頸的挑戰（運算能力、能源、機器幻覺已經成為擺在我們面前、極待解決的技術問題）、人類社會真實性的挑戰等。

從 ChatGPT 到 Sora，一個真正的人工智慧時代已經開啟，人機協同的時代正在加速到來，本書的文字表達通俗易懂、易於理解、富於趣味，內容深入淺出、循序漸進，能幫助讀者瞭解 Sora，並在紛繁的資訊中，梳理出認識人工智慧產業變革及即將到來的通用人工智慧時代的線索，機會就在我們的手中。

目錄

Chapter 03　通用 AI 的里程碑

Chapter 04 Sora 爆發，顛覆了誰？

Chapter 05　Sora 的運算能力突圍

Chapter 06　大模型的未竟之路

01
CHAPTER

Sora 的前世今生

1.1 橫空降世的 Sora

2024 年 2 月 15 日，Open AI 發布了第一款文字生成影片模型 ── Sora，能夠生成一分鐘的高畫質影片，一石激起千層浪，畢竟 2023 年年初 ChatGPT 給人們帶來的震撼仍歷歷在目，這才過去了一年，OpenAI 又打開了新局面。

事實上，文字生成影片的這類應用程式在過去也出現過，現今很多的剪輯軟體也附帶著這樣的功能，但是 Sora 的呈現仍然驚豔，許多人在看過 OpenAI 發布的樣片後，直呼「炸裂」、「史詩級」。儘管 Sora 仍處於開發的早期階段，但是它的推出，已經代表著人工智慧又迎來了一個里程碑。

對於我們人類而言，要將一段文字透過圖片或影片的方式精準地表達出來，如果沒有經過專業的訓練則無法實現。例如：我們要繪畫一種風格或是設計一個廣告，在缺乏專業美術與設計訓練的情況下，我們很難讓這種影像具有美感，且很難將一段文字精準地抽象成藝術的表現方式，而 Sora 對於文字的精準理解，以及高清、精準的藝術抽象表達，再次讓我們看到人工智慧在機器智慧方面的進步，也讓我們看到人工智慧超越人類智慧，將成為一件確定性的事情，不再侷限於對人類文字與語言的理解，而是進入人類知識更高的表現層次，也就是抽象的藝術表現領域。

1.1.1 從模擬現實到建構現實

相較於同類型的文字生成影片應用程式，Sora 就是現象級的存在，Sora 的驚豔主要表現在「建構現實」、「60 秒超長長度」和「單影片多角度鏡頭」等三個方面。

建構現實

如果用一句話來形容 Sora 帶給人們的震撼,那就是「以前不相信是真的,現在不相信是假的」,這其實說的就是 Sora「建構現實」的能力,OpenAI 官方公布了數十個範例影片,充分展示了 Sora 在這一方面的強大能力。人物的瞳孔、睫毛、皮膚紋理等,都逼真到看不出一絲破綻,真實性與以往的 AI 生成影片是史詩級的提升,AI 影片與現實的差距更難辨認。

例如:對 Sora 輸入以下的文字:「一位時尚的女士穿著黑色皮夾克、長紅裙和黑色靴子,手拿黑色手袋,在東京一條燈光溫暖、霓虹燈閃爍、帶有動感城市標誌的街道上自信而隨意地行走。她戴著太陽眼鏡,塗著紅色口紅。街道潮濕而有反光效果,色彩繽紛的燈光彷彿在地面上創造了鏡面效果。許多行人在街上來往」,Sora 就能直接生成影片,無論是人物臉上的雀斑,還是水中的倒影,都顯得極其逼真,就連人物臉上的墨鏡裡還有街景的映射,整個影片看下來簡直像真實拍攝,而不是 AI 生成。Sora 生成的影片裡,物體運動軌跡也很自然,畫面的清晰度和順暢程度都像是我們用攝影器材拍出來的。

圖 1-1

如果說之前的 AI 文字生成影片都還是在模擬現實，那麼 Sora 則是突破性實現了「建構現實」。區別在於，前者是對現實的模仿，難以捕捉現實世界的物理規則、動態變化，但 Sora 則是在虛擬世界裡建構另一種現實，其學習的不僅是像素與畫面，還有現實世界的物理規律。舉例而言，我們如果在下過雨或者有水的地面上行走，水面會反射出我們的倒影，這是現實世界的物理規則，Sora 生成的影片就能做到「反射出水面的人的倒影」，但之前的 AI 文字生成影片工具，則需要不斷的調校，才能產出較為逼真的影片。

📽 60 秒超長長度

之前主流的 AI 生成影片都在 4 到 16 秒，並且延遲地像 PPT，而 Sora 彎道超車，直接將時長拉到 60 秒，畫面表現已經媲美影片素材庫，放進影片當空鏡完全可行，1 分鐘的長度也完全可以應對短影音的創作需求。而從 OpenAI 發表的文章來看，如果有需要的話，超過 1 分鐘毫無任何懸念。

📽 單影片多角度鏡頭

Sora 生成的影片還具有單影片多角度鏡頭的特點。影片的「多角度鏡頭」是指多機位拍攝（使用兩台或兩台以上的攝影機，對同一場面同時做多角度、多方位的拍攝），可使觀眾從多個不同的角度觀看畫面，給人身歷其境的感覺。它展現的空間更全面、視點更細膩、角度更開放、長度更自由，給觀眾帶來全方位、多角度的觀賞體驗。

要知道，目前的 AI 文字生成影片應用程式都是單鏡頭單生成。一個影片裡面有多角度的鏡頭，主體還能保證完美的一致性，這在以前、甚至在 Sora 誕生之前，都是無法想像的，但現在 Sora 做到了，Sora 可以在單個生成的影片中建立多個鏡頭，準確地保留角色和視覺風格。

🎬 Sora 的其他影片編輯功能

時間擴展

　　除了用文字生成影片，Sora 還支援影片到影片的編輯，包括往前延伸、向後延伸。Sora 可以從一個現有的影片片段出發，透過學習其視覺動態和內容，生成新的影格來延伸影片的時長，這意謂著它可以製作出多個版本的影片開頭，每個開頭都有不同的內容，但都平滑轉場到原始影片的某個特定點。同樣的，Sora 也能夠從影片的某個點開始，向前生成新的影格，從而擴展影片至所需的長度，這可以創造出多種結局，每個結局都是從相同的起點開始，但最終導向不同的情景。Sora 模型的時間延伸功能，為影片編輯和內容創作提供了前所未有的靈活性和創造性，它不僅能生成無限迴圈的影片，還能按照創作者的意圖，製作出具有特定結構和風格的影片作品。

　　如果對 Sora 生成影片的局部（例如：背景）不滿意，直接更換就可以了。Sora 的影片編輯不僅提高了編輯的效率和準確性，還為使用者創造了無限的可能性，使他們能夠在不需要專業影片編輯技能的情況下，實現複雜和創意的影片效果。

插值技術

　　Sora 甚至還可以拼接完全不同的影片，使之合二為一、前後連貫。透過插值技術（插值是對原影像的像素重新分布，從而來改變像素數量的一種方法），插值程式會自動選擇資訊較好的像素，作為增加、彌補空白像素的空間，而並非只使用臨近的像素，所以在放大影像時，影像看上去會比較平滑、乾淨。簡單來說，插值技術就是對影像的自動提取、優化與生成，Sora 可以在兩個不同主題和場景的影片之間建立無縫轉場。Sora 的這些功能極大

擴展了影片編輯的可能性，使得創作者能夠更加自由地表達自己的創意，同時也為影片編輯領域帶來了新的技術和方法。

影像生成

Sora 也可以生成高品質的圖片。Sora 的影像生成能力是透過在時間範圍為一幀的空間網格中排列高斯雜訊塊來實現的，這種方法允許模型生成各種尺寸的影像，解析度高達 2048×2048。Sora 的影像生成能力，也展示了其在視覺創作領域的強大潛力，在實際操作層面的應用和實現方面，可滿足不同的場景和需求。

1.1.2　一騎絕塵的 Sora

在 Sora 誕生之前，在 AIGC 領域已經出現了許多文字生成影片的相關應用，頭部大模型研發商幾乎都擁有自己的文字生成影片大模型，甚至已經誕生了垂直於多媒體內容創作大模型的獨角獸。

🎬 Runway

與許多拿著錘子找釘子式的「技術驅動型」大模型創業團隊不同，Runway 的三名創辦人—克里斯托巴·瓦倫蘇埃拉（Cristóbal Valenzuela）、亞歷杭德羅·馬塔馬拉（Alejandro Matamala）、阿納斯塔西斯·傑曼尼蒂斯（Anastasis Germanidis），來自於紐約大學藝術學院，他們看到了人工智慧在創造性方面的潛力，於是決定共商大計，開發出一套服務於電影製作人、攝影師的工具。

Runway 先開發了一系列細分到不能再細分的專業創作者輔助工具，針對性地滿足影格插值、背景去除、模糊效果、運動追蹤、音訊整理等需求；隨後

參與到影像生成大模型 Stable Diffusion 的開發過程中，累積 AIGC 在靜態影像生成方面的技能點，並獲得了參與《媽的多重宇宙》等大片製作的機會，在《媽的多重宇宙》裡，許多複雜的特效製作就是由 Runway 完成的。

2023 年 2 月，Runway 發布第一代產品 Gen-1，一般使用者已經能透過 iOS 裝置進行免費體驗，範圍除了「真實影像轉黏土」、「真實影像轉素描」這些濾鏡式的功能，還包含了「文字轉影片」，從而使得 Gen-1 成為了首批投入商用的文字生成影片大模型；2023 年 6 月，他們發布了第二代產品 Gen-2，訓練量上升到 2.4 億張影像和 640 萬段視訊短片。

2023 年 8 月，爆火 B 站、全網播放量超過千萬、獲得郭帆點讚的 AIGC 作品《流浪地球 3 預告片》，正是基於 Gen-2 製作的。根據作者「數位生命卡茲克」在個人社群媒體上的分享，整段影片的製作大致分為兩個部分：①由 Mid Journey 生成分鏡圖，由 Gen-2 擴散為 4 秒的影片片段，最終獲得素材圖 693 張、備用剪輯片段 185 支，耗時 5 天；②半年之後，「數位生命卡茲克」再次透過 MJ V6 畫分鏡、Runway 跑影片的方式，製作了一段 3 分鐘的故事短片《The Last Goodbye》，投稿參賽 Runway Studios 所組織的第二屆 AI 電影節 Gen48。

🎬 Pika

Pika 是 Runway 之外另一個影片生成賽道的佼佼者。Pika Labs 本是一家最初專注於動畫影片生成的公司，如今已成功轉型為引領行業的文字轉影片 AI 平台。Pika Labs 成立於 2023 年 4 月，同年 11 月發布首個產品 Pika 1.0，Pika 1.0 能夠生成和編輯 3D 動畫、動漫、卡通和電影，並且一般使用者還可以對其進行加工。透過 Pika1.0，使用者可以直接利用文字建立和自訂包含 3D 動畫、動漫及電影風格在內的多樣化影片。

Pika Labs 平台提供了靈活的每秒影格數（FPS）調整功能，範圍涵蓋 8 到 24 影格，使用者還可以根據需要自訂影片的長寬比，確保最終作品符合預期的視覺效果。

為了讓創意的轉化過程更加順暢，Pika Labs 還採用了一種獨特的對話式介面設計，這種介面不僅簡化了操作流程，還使得使用者能夠更加直觀地將想法轉化為實際的影片內容。

Pika Labs 始終致力於降低高品質影片製作的門檻，他們的 AI 平台不僅提供免費的基礎使用功能，還提供廣泛的自訂選項，以滿足從業餘愛好者到專業電影製作人員等不同層次使用者的需求，因此 Pika 1.0 也被視為一款零門檻的影片生成神器。

🎬 Stable Video Diffusion

Stable Video Diffusion 是一種穩定影片擴散技術，能夠透過消除影片中的晃動、抖動等問題來提高影片品質，優點是能夠改善影片穩定性，但缺點是可能會導致一些細節資訊的損失。Stable video diffusion 旨在為媒體、娛樂、教育、行銷等領域的各種影片應用提供服務，它賦予個人將文字和影像輸入轉化為生動場景的能力，並將概念提升為真實的行動，如電影般的創作。

🎬 PixVerse

PixVerse 是一款基於人工智慧技術的影片生成工具，可以將包含影像、文字和音訊的多模態輸入轉化為影片，且 PixVerse 提供自訂選項，可以為生成的影片添加獨特的藝術風格，來確保個性化結果。

🎬 Morph Studio

Morph Studio 則是市面上首個開放給大眾自由測試的文字轉影片生成工具，支援 1080P 高清畫質，能製作出長達 7 秒的影片片段，生成的影片畫面細膩、光影效果較佳。業內玩家常拿來與 Pika 對比，認為在語義理解方面 Morph Studio 的表現優於 Pika。此外，Morph Studio 可以實現變焦、平移（上下左右）、旋轉（順時針或逆時針）等多個攝影機鏡頭運動的靈活控制，但不管是哪一款 AI 影片生成工具，不論之前有多風光，在 Sora 面前，卻都不值得一提。

🎬 Sora

Sora 公開後，有個海外的部落客已經對幾家公司的產品做了對比，他給 Sora、Pika、Runway 和 Stable Video 四個模型輸入了相同的提示（prompt），結論是 Sora 在生成時長、連貫性等方面都有顯著的優勢，特別是生成時長上，對比其他的 AI 模型，Pika 是 3 秒，Runway 是 4 秒，Sora 生成的影片目前可以達到 60 秒，而且解析度十分高，影片中的基本物理現象也比較吻合。在 AI 影片生成領域上，Sora 已經成為一騎絕塵的存在。

1.1.3　Sora 帶來的衝擊

Sora 的消息一經發布，就引起了市場的熱議，占據了 AI 領域話題的中心。馬斯克在社交平台 X 上的各網友評論區活躍，四處留下「人類願賭服輸」（gg humans）、「人類藉由 AI 之力將創造出卓越作品」等評論。

圖 1-2

　　AI 文字生成影片新創企業 Runway 共同創辦人兼 CEO 克里斯托巴‧瓦倫蘇埃拉（Cristóbal Valenzuela）感慨，以前需要花費一年的進展，變成了幾個月就能實現，又變成了幾天、幾小時。

圖 1-3

　　「出門問問」創辦人李志飛在朋友圈感嘆：「LLM ChatGPT 是虛擬思維世界的模擬器，以 LLM 為基礎的影片生成模型 Sora 是物理世界的模擬器，物理和虛擬世界都被建模和模擬了，到底什麼是現實？」

　　網路安全公司「奇虎 360」創辦人周鴻禕發了一條長微博和一個影片，預言 Sora 可能給廣告業、電影預告片、短影音行業帶來巨大的顛覆，但它不一定那麼快擊敗 TikTok，更可能成為 TikTok 的創作工具，並認為 OpenAI 手裡的武器並沒有全拿出來、中國與美國的 AI 差距可能還在加大，以及 AGI 不是十年、二十年的問題，可能一兩年很快就可以實現。

　　這些評論也讓我們看到了業界對於 Sora 的肯定，不過如果仔細觀看 OpenAI 發布的示例影片，其實還會發現 Sora 生成的一些錯誤，例如：當 Sora 輸入的

文字是「一個被打翻了的玻璃杯濺出液體來」時，顯示的是玻璃杯融化成桌子，液體跳過了玻璃杯，但沒有任何玻璃碎裂的效果，再例如：從沙灘裡突然挖出來一個椅子，Sora 認為這個椅子是一個極輕的物質，以至於可以直接飄起來。

這一方面證明了 Sora 的清白，正如 OpenAI 在發布 Sora 的部落格文章下方，特意強調其展示的所有影片示例均由 Sora 生成的那樣，確實只有 AI 才會在生成影片裡犯這樣的錯誤；另一方面，這些奇怪的鏡頭說明 Sora 雖然能力驚人，但水準仍然還有進化的餘地。

儘管 Sora 是文字生成影片領域最晚出場的應用程式，但就算是錯漏百出，Sora 也已經在時長、逼真度等方面甩開同行一條街，這也是為什麼 Sora 的每個影片都能挑出錯誤、但依然火爆、仍有許多業界專家為其站台的原因。

更重要的是，Sora 讓我們看到了現今 AI 不可思議的進化速度，要知道看起來並不聰明、只支援生成 4 秒影片、影格遺失明顯到像幻燈片的 Gen-2，是 2023 年 6 月發布的產品，而八個月後 Sora 就發布了。

2023 年 11 月，Meta 發布的影片生成大模型 Emu Video 看起來比 Gen-2 更進一步，能夠支援 512×512、每秒 16 個影格的精細化創作，但三個月之後的 Sora 已經能夠做到生成任意解析度和長寬比的影片，並且根據上面提到的開發者技術論文，Sora 還能夠執行一系列影像和影片編輯任務，從建立循環影片到即時向前或向後延伸影片，再到更改現有影片背景等，這也是 OpenAI 在大模型領域超強實力的又一次證明。

Sora 的發布是 AI 領域石破天驚的大事件，這讓我們看到或許技術的發展有跡可循，但技術的突破點卻是真的難以預測，誰也沒想到 ChatGPT 誕生一年

後，在運算能力還受到不同程度的制約情況下，Sora 就這樣橫空出世了，這也讓很多人更加期待 GPT-5 的發布，人類社會可能真的要變天了。

而這一切的發生是在運算能力、資料與模型還未完全獲得滿足的情況下，機器智慧已經以超乎我們人類想像的速度發展，並表現出了驚人的智慧能力。文字生成影片的 Sora，就是在機器硬體受到一定程度制約的情況下，以超乎我們預計的速度走入了我們的視線。

1.2　從 ChatGPT 到 Sora

從 ChatGPT 到 GPT-4，再到 Sora，現今人工智慧早已不再是只會對輸入的資料進行簡單處理的智障，而是開始具備自主學習和推理的能力，能夠更深入理解語境、情感及邏輯關係，從而為人類帶來更為精準、智慧的輔助和決策支援。從跨越機器邏輯的邊界，到模擬並延展人類思維的維度，從被動響應走向主動理解，技術進化的新紀元已然開啟。

1.2.1　屬於 ChatGPT 的一年

2023 年是屬於 ChatGPT 的一年。作為人工智慧的里程碑，ChatGPT 誕生的意義不亞於蒸汽機的發明，就像人類第一次登陸月球一樣，ChatGPT 不僅僅是人工智慧發展史的一步，更是人類科技進步的一大步，因為 ChatGPT 的出現，讓人工智慧從之前的人工智障走向了真正類人的人工智慧，也讓人類看到了基於矽基訓練智慧體的這個設想是可行的，是可以被實現的。

在 ChatGPT 之前，人工智慧還是停留在屬於自己機器語言邏輯的世界裡，並沒有掌握與理解人類的語言邏輯習慣，因此在 ChatGPT 出現之前，市場

上的人工智慧很大程度上還只能做一些資料的統計與分析，包括一些具有規則性的讀聽寫工作，所擅長的工作就是將事物依不同的類別進行分類，與理解真實世界的能力之間，還不具備邏輯性、思考性。人體的神經控制系統是一個非常奇妙的系統，是人類幾萬年訓練下來所形成的。可以說，在ChatGPT 這種生成式語言大模型出現之前，我們所有的人工智慧技術從本質上來說還不是智慧，只是基於深度學習與視覺識別的一些大數據檢索而已，但 ChatGPT 卻為人工智慧的應用和發展打開了新的想像空間。

作為一種大型預訓練語言模型，ChatGPT 的出現代表著自然語言處理技術邁入了新階段，代表著人工智慧的理解能力、語言組織能力、持續學習能力更強，也代表著 AIGC 在語言領域取得了新進展，生成內容的範圍、有效性、準確度大幅提升。

ChatGPT 整合了人類回饋強化學習和人工監督微調，因此具備了對上下文的理解和連貫性。在對話中，它可以主動記憶先前的對話內容，即上下文理解，從而更好地回應假設性的問題，實現連貫對話，提升我們和機器互動的體驗。簡單來說，就是 ChatGPT 具備了類人語言邏輯的能力，這種特性讓ChatGPT 能夠在各種場景中發揮作用，這也是 ChatGPT 為人工智慧領域帶來的最核心的進化。

那麼，為什麼說具備類人的語言邏輯能力、擁有對話理解能力，是 GPT 為人工智慧帶來的最核心、也最重要的進化呢？因為語言理解不僅能讓人工智慧幫助我們完成日常的任務，還能幫助人類去面對科學研究的挑戰，例如：對大量的科學文獻進行提煉和總結，以人類的語言方式，憑藉其強大的資料庫與人類展開溝通交流，並且基於人類視角的語言溝通方式，就可以讓人類接納與認可機器的類人智慧化能力。

　　尤其是人類進入到了如今的大數據時代，在一個科技大爆炸時代，無論是誰，僅憑自己的力量，都不可能緊跟科學界的發展速度，如今在地球上一天產生的訊息量，就等同於人類有文明記載以來至 21 世紀的所有知識總量，我們人類在這個資訊大爆炸時代，憑藉著自身的大腦已經無法應對、處理、消化巨量的資料，人類急需一種新的解決方案。

　　例如：在醫學領域，每天都有數千篇論文發表，哪怕是在自己的專科領域內，目前也沒有哪位醫生或研究人員能將這些論文全部讀遍，但是如果不閱讀這些論文、不閱讀這些最新的研究成果，醫生就無法將最新理論應用於實踐，就會導致臨床所使用的治療方法陳舊。在臨床中，一些新的治療手段無法得到應用，正是因為醫生沒有時間去閱讀相關的內容，根本不知道有新手段的存在，如果有一個能對大量醫學文獻進行自動合成的人工智慧，就會掀起一場真正的革命。

　　ChatGPT 就是以人類想像中的智慧模樣出現了，看起來就像是人類想像中的一種解決方案。可以說，ChatGPT 之所以被認為具有顛覆性，最核心的原因就在於，其具備了理解人類語言的能力，這在過去是無法想像的，我們幾乎想像不到有一天基於矽基的智慧能夠真正被訓練成功，不僅能夠理解我們人類的語言，還可用我們人類的語言表達方式與人類展開交流。

1.2.2　更強大的 GPT 版本

　　ChatGPT 開啟了人工智慧發展的新時代，ChatGPT 的開發者們不會止步於此，在 ChatGPT 火紅後，所有人都在討論人工智慧的下一步會往哪個方向發展，而人們並沒有等太久，在 ChatGPT 發布三個月後，OpenAI 就正式推出了新品 GPT-4，其中的「影像識別」、「高級推理」、「龐大的單詞掌握能力」是 GPT-4 的三大特點。

🎬 影像識別

GPT-4可以分析影像並提供相關的資訊，它可以根據食材照片來推薦食譜，為圖片生成影像描述和圖片註解等。

🎬 高級推理

GPT-4能夠針對三個人的不同情況，來做一個會議的時間安排、回答存在上下文關聯性的複雜問題，例如：你問圖片裡的繩子剪斷會發生什麼事，它回答：氣球會飛走。GPT-4甚至可以講出一些品質不怎麼樣、模式化的冷笑話，雖然並不好笑，但它至少已經開始理解「幽默」這一人類特質，要知道AI的推理能力，正是AI向人類思維慢慢進化的標誌。

🎬 龐大的單詞掌握能力

就詞彙量來說，GPT-4能夠處理 2.5 萬個單詞，GPT-4在單詞處理能力上，是 ChatGPT 的 8 倍，並可以用所有流行的程式設計語言寫程式碼。

其實，在隨意談話中，ChatGPT 和 GPT-4 之間的區別是很微妙的，當任務的複雜性達到足夠的閾值時，差異就出現了。GPT-4 比 ChatGPT 更可靠、更有創意，並且能夠處理更細微的指令，並且 GPT-4 還能以高分通過各種標準化考試，像是 GPT-4 在模擬律師考試中的成績超出 90% 的人類考生，在俗稱「美國高考」的 SA 閱讀考試中超出 93% 的人類考生，在 SAT 數學考試中超出 89% 的人類考生。

而同樣面對律師資格考試，ChatGPT 背後的 GPT-3.5 排名在倒數 10% 左右，而 GPT-4 考到了前 10% 左右。在 OpenAI 的演示中，GPT-4 還生成了關於複雜稅務查詢的答案，儘管無法驗證其答案。在美國，每個州的律師考試都不

一樣，但一般會包括「選擇題」和「作文」兩部分，涉及合約、刑法、家庭法等知識，GPT-4 參加的律師考試，對於人類來說，既艱苦又漫長，而 GPT-4 卻能在專業律師考試中脫穎而出。

此外，2023 年 11 月 7 日，在 OpenAI 首屆的開發者大會上，山姆‧奧特曼（Sam Altman）還宣布了 GPT-4 的大升級，推出了 GPT-4 Turbo，GPT-4 Turbo 的更強大體現在六個方面，包含：上下文長度提升、模型控制、更好的知識、新的多模態能力、模型自訂能力及更低的價格、更高的使用上限。其中，對於一般使用者體驗而言，「上下文長度提升」、「更好的知識」和「新的多模態能力」是最核心的體驗改善。

上下文長度提升

在過往，「上下文長度提升」是 GPT-4 的一個軟肋，它會決定與模型對話過程中能接收和記住的文字長度。如果上下文長度限制較小，面對比較長的文字或長期的對話，模型就會經常忘記最近對話的內容，並開始偏離主題。

GPT-4 基礎版本僅提供了 8K Token（詞元）的上下文記憶能力，即便是 OpenAI 提供的 GPT-4 容量升級版本也僅僅達到 32K Token，相較於主要競品 Anthropic 旗下 Claude 2 提供 100K Token 的能力則差距明顯，這使得 GPT-4 在做文章總結等需要長文字輸入的操作時，常常力不從心。而 GPT-4 Turbo 直接將上下文長度提升至 128K，是 GPT-4 容量升級版本的 4 倍，一舉超過了競爭對手 Anthropic 的 100K 上下文長度。128K 的上下文大概是什麼概念呢？大約等於 300 頁標準大小的書所涵蓋的文字量，除了能夠容納更長的上下文之外，奧特曼表示新模型還能在更長的上下文中保持連貫和準確。

就「模型控制」而言，GPT-4 Turbo 為開發者提供了幾項更強的控制手段，以更好地進行 API 和函式呼叫。具體來看，新模型提供了一個 JSON Mode，

可以保證模型以特定 JSON 方式提供回答，呼叫 API 時也更加方便。另外，新模型還允許同時呼叫多個函數，同時引入了種子參數（Seed parameter），在需要的時候，可以確保模型能夠回傳固定輸出。

更好的知識

從「知識更新」來看，GPT-4 Turbo 把知識庫更新到了 2023 年 4 月，不再讓使用者停留在 2021 年的過去了。最初版本的 GPT-4 的網路即時資訊呼叫只能到 2021 年 9 月，雖然隨著後續外掛程式的開放，GPT-4 也可以獲得最新發生的事件知識，但相較於融合在模型訓練裡的知識而言，這類附加資訊因為呼叫外掛程式耗時久，缺乏內生相關知識的原因，效果並不理想。而現在，人們已經可以從 GPT-4 上獲得截至 2023 年 4 月前的新資訊了。

新的多模態能力

GPT-4 Turbo 還具備了更強的多模態能力，新模型支援了 OpenAI 的視覺模型 DALL·E 3，還支援了新的文字到語音模型，開發者可以從六種預設聲音中選擇所需的聲音。現在 GPT-4 Turbo 可以圖生圖了，同時在影像問題上，OpenAI 推出了防止濫用的安全系統，OpenAI 還表示它將為所有客戶提供牽涉到的版權問題的法律費用。在語音系統中，OpenAI 表示目前的語音模型遠超過市場上的同類，並宣布了開源語音辨識模型— Whisper V3。

1.2.3　Sora 的真正價值

根據 OpenAI 官網描述，相較於 ChatGPT，GPT-4 最大的進化為「多模態」和「長內容生成」，其中的關鍵就是「多模態」。

使用過 ChatGPT 的人們會發現，它的輸入類型是純文字，輸出則是語言文字和程式碼。而 GPT-4 的多模態，意謂著使用者可以輸入不同類型的資訊，

例如：影片、聲音、影像和文字。同樣的，具備多模態能力的 GPT-4 可以根據使用者提供的資訊，來生成影片、音訊、圖片和文字，哪怕同時將文字和圖片發給 GPT-4，它也能根據這兩種不同類型的資訊生出文字。

事實上，這些功能的測試與完善都是 OpenAI 在為文字生成影片功能做準備，也就是在為 Sora 的推出做準備，也正是因為這些準備，才有我們在 2024 年初看到的這個強大的 Sora 的誕生。

Sora 代表著 AIGC 在內容創造領域的一個重要進步，但除了多模態的能力，Sora 更重要的突破在於，其是一個物理世界的模擬器，這是什麼意思呢？就是它能夠理解使用者的需求，並且還能夠理解這種需求在物理世界中的存在方式。簡單來說，Sora 透過學習影片來理解現實世界的動態變化，並用電腦視覺技術模擬這些變化，從而創造出新的視覺內容。也就是說，Sora 學習的不僅僅是影片，也不僅僅是影片裡的畫面、像素，還在學習影片裡面這個世界的物理規律。

就像 ChatGPT 一樣，ChatGPT 不僅僅是一個聊天機器人，其帶來最核心的進化是讓 AI 擁有了類人的語言邏輯能力。Sora 最終想做的也不僅僅是一個文字生成影片的工具，而是一個通用的現實物理世界模擬器，也就是世界模型，為真實世界建模，這也是 Sora 真正的價值和進化所在。中國科幻作家劉慈欣有一篇短篇科幻小說 —《鏡子》，裡面就描繪了一個可以鏡像現實世界的「鏡子」，Sora 就好像這個建構世界模型的「鏡子」。

Sora 的影片生成能力，再加上為真實世界建模的能力，其實核心很簡單，就是基於真實世界物理規律的影片視覺化。所謂「視覺化」，其實就是將複雜的文字或資料透過圖形化的方式，轉變為人們易於感知的圖形、符號、顏色、紋理等，以增強文字或資料的識別效率，清晰、明確地向人們傳遞有效資訊。

要知道，在人類的進化過程中，人腦感知能力的發展經歷了數百萬年，而語言系統則發展未超過 15 萬年。可以說，人腦處理圖形的能力要遠遠高於處理文字語言，人腦面對影像能夠比面對文字更快處理和加工，這一點在早期的象形文字上就有非常好的印證，而在當前短影音成為資訊的主流方式，也正在說明人類對於影像有本能的偏好。

究其原因，人類對語言的理解，離不開自己的內部經驗，而視覺是一種人類感知世界、建立經驗的直接機制。人類透過視覺看到東西，就能夠迅速進行解析、迅速進行判斷，並留下深刻的印象，也就是說，人類透過視覺可直接建立經驗。

研究也表示，人體五官獲取訊息量的比例是視覺87%、聽覺7%、觸覺3%、嗅覺2%、味覺1%，也就是說，人類的主要資訊獲取方式是視覺，我們的大腦更擅長處理視覺資訊。舉例而言，給我們一篇由文字與字元所構成的資料分析文章，而另一篇則是把這一堆表格用二維或更高階的三維視覺化呈現時，我們會更偏向於哪一種的表達與閱讀方式呢？我想這個答案很顯而易見，大部分的人會偏向於選擇更直觀的三維表現方式，或是二維的影像表現方式，最不受歡迎的則是基於文字與字元表現的文章方式。

從資訊加工的角度來看，大量的資訊必將消耗我們的注意力，需要我們有效分配精力。而視覺化則能輔助我們處理資訊，不僅更加直觀，並且可以將資料背後的變化以影像的形式直觀地表現出來，讓我們透過影像就能一目了然地瞭解資料背後的關聯、變化、趨勢，從而在有限的記憶空間中儘量儲存資訊，提升認知資訊的效率。

基於此，特別是在現今資訊大爆炸的時代裡，視覺化的表達就顯得極為重要。視覺化利用影像進行溝通，可以將人腦快速處理圖形的特點最大化發揮出來，這也是 Sora 的價值所在，我們只要給 Sora 一個指令，Sora 就能夠基於

現實世界的物理規律，將我們想要表達的內容以影片的方式視覺化，因此哪裡需要影片視覺化，哪裡就需要 Sora。

1.2.4　Sora 在為 GPT-5 做準備

就像 ChatGPT 和 GPT-4 為 Sora 做的準備一樣，Sora 的發布其實也是為 GPT-5 來做準備。自從 GPT-4 發布後，下一代更先進的 GPT 模型就是 GPT-5，OpenAI 共同創辦人兼首席執行長山姆・奧特曼（Sam Altman）對外一直都閉口不言。

2023 年 6 月，奧特曼曾表示 GPT-5 距離準備好訓練還有很長的路要走，還有很多工作要做，他補充說：OpenAI 正在研究新的想法，但他們還沒有準備好開始研究 GPT-5。就連微軟創辦人比爾・蓋茲預計，GPT-5 不會比 GPT-4 提供重大的效能改進。

然而，到了 2023 年 9 月，DeepMind 共同創辦人、Inflection AI 的 CEO —穆斯塔法・蘇萊曼（Mustafa Suleyman）在接受採訪時，卻放出一枚重磅炸彈，據他猜測，OpenAI 正在祕密訓練 GPT-5。蘇萊曼認為，奧特曼說過他們沒有訓練 GPT-5，可能沒有說實話。同月，外媒《The Information》爆料一款名為「Gobi」的全新多模態大模型，已經在緊鑼密鼓地籌備了。和 GPT-4 不同，Gobi 從一開始就是依多模態模型建構的，這樣看來 Gobi 模型不管是否為 GPT-5，但從多方洩露的資訊來看，它都是 OpenAI 團隊正在著手研究的專案之一。

2023 年 11 月，在 X（推特）上 Roemmele 再爆猛料，OpenAI Gobi（也就是 GPT-5 多模態模型）將在 2024 年年初震撼發布。根據 Roemmele 的說法，目前 Gobi 正在一個龐大的資料集上進行訓練，不僅支援文字、影像，還將支

援影片。有網友在這條推文下評論：「OpenAI 內部員工稱下一代模型已經實現了真的 AGI，你聽說過這件事嗎？」Roemmele 說：「GPT-5 已經會自我糾正，並且具有一定程度的自我意識。我認識的熟人已經看過它的演示，目前七個政府機構正在測試最新模型」。

2023 年 12 月底，奧特曼在社交平台公布了 OpenAI 在 2024 年要實現的計畫中包括 GPT-5，更好的語音模型、影片模型、推理能力以及更高的費率限制等，此外還包含更好的 GPTs、對喚醒 / 行為程度的控制、個性化、更好地瀏覽、開源等。奧特曼在採訪中還表示，GPT-5 的智慧提升將帶來全新的可能性，超越了我們之前的想像，GPT-5 不僅僅是一次效能的提升，更是新生能力的湧現。

儘管目前 GPT-5 還沒有正式發布，但可以確定的是，GPT-5 將會成為比 GPT-4 更強大的存在；儘管目前我們還沒有看到 GPT-5 的發布，但是我們已經看到了 Sora。可以說，Sora 就是 GPT-5 的一個縮影，只是 OpenAI 對 GPT-5 採取了更加慎重的態度。Sora 的出現，引發了人們對 GPT-5 的遐想，不難預測，未來 GPT-5 或將獲得更大處理各種形式資料的能力，例如：音訊、影片等，使其在各種工作領域更加有用，而不僅限於作為一個聊天機器人或 AI 影像生成器。

1.3 多模態的跨越式突破

多模態 AI 正處於爆發前夕。從 GPT-4 的驚豔亮相，到 AI 影片生成工具 Pika 1.0 的火爆出圈，再到 Google Gemini 的全面領先，「多模態 AI」都是其中的關鍵字。

如今，Sora 的發布更是把「多模態」帶向一個新的發展階段，憑藉強大處理多種類型資訊的能力，Sora 不僅代表著多模態的跨越式突破，還將進一步拓展人工智慧的應用領域，推動人工智慧向通用化方向發展。

1.3.1　多模態是 AI 的未來

多模態並非新概念，早在 2018 年，「多模態」就已經作為人工智慧未來的一個發展方向，成為人工智慧領域的研究重點。顧名思義，多模態即多種模態。具體來看，「模態」（Modality）是德國物理學家亥姆霍茲提出的一種生物學概念，即生物憑藉感知器官與經驗來接收資訊的通道，人類有視覺、聽覺、觸覺、味覺和嗅覺等模態；從人工智慧和電腦視覺的角度來說，模態就是感官資料，包括最常見的影像、文字、影片、音訊資料，也包括無線電資訊、光電感測器、壓觸感測器等資料。

對於人類而言，多模態是指將多種感官進行融合；對於人工智慧而言，多模態則是指多種資料類型再加上多種智慧處理演算法。舉例而言，傳統的深度學習演算法專注於從一個單一的資料來源訓練其模型，像是電腦視覺模型是在一組影像上訓練的，自然語言處理模型是在文字內容上訓練的，語音處理則涉及聲學模型的建立、喚醒詞檢測和噪音消除，這種類型的機器學習就是單模態人工智慧，其結果都被映射到一個單一的資料類型來源。而多模態人工智慧是電腦視覺和互動式人工智慧智慧模型的最終融合，為電腦提供更接近於人類感知的場景。

究其原因，不同模態都有各自擅長的事情，而這些資料之間的有效融合，不僅可以實現比單個模態更好的效果，還可以做到單個模態無法完成的事情。相較於單模態、單任務的人工智慧技術，多模態人工智慧技術就可以實現模型與模型、模型與人類、模型與環境等多種互動。

目前我們最熟悉的多模態 AI 還是文字生成圖片或文字生成影片，但這已經展現了 AI 在整合和理解不同感知模態資料方面的強大潛力，例如：在醫療領域，可以透過結合影像、錄音和病歷文字，提供更準確的診斷和治療方案；在教育領域，將文字、聲音、影片相結合，呈現更具互動性的教育內容。

展望未來，隨著技術的不斷發展和突破，AI 有望在多模態能力上進一步提升，從而實現更加精準、全面的環境還原，特別是在機器人領域和自動駕駛領域。

在機器人領域，透過強大的多模態 AI 系統，機器人僅憑視覺系統，就對現場環境進行快速準確的還原，這種還原不僅包括精準的 3D 重建，還可能涵蓋光場重建、材質重建、運動參數重建等方面。透過結合視覺資料和其他感知模態資料（如聲音、觸覺等），機器人可以更全面理解周圍環境，從而實現更加智慧、靈活的行為和互動。

在自動駕駛領域，透過結合多模態感知資料，包括視覺、雷達、雷射雷達等，自動駕駛汽車可以即時感知道路、車輛和行人等各種交通參與者，準確判斷交通情況，並做出相應的駕駛決策，這將大幅提高自動駕駛汽車的安全性和適應性，使其成為下一代智慧交通的重要組成部分。

另外，AI 的多模態能力將在娛樂和創意領域上展現出巨大的潛力，例如：AI 可以透過觀察一隻小狗的生活影像，為一個 3D 建模的玩具狗賦予動作、表情、體態、情感、性格、甚至虛擬生命，這種技術可以為遊戲開發、虛擬實境等領域帶來更加生動和真實的虛擬角色和場景。

同時，AI 還可以解釋和轉換動畫片導演用文字描述的拍攝思路，實現場景設計、分鏡設計、建模設計、動畫設計等一系列專業任務，這將極大地提高動畫製作的效率和創意性，為動畫產業帶來新的發展機遇。

不僅如此，多模態能力對於實現真正的通用人工智慧（AGI）也至關重要。顯然的，真正的 AGI 必須能像人類一樣即時、高效、準確、符合邏輯地處理這個世界上所有模態的資訊，完成各類跨模態或多模態任務，這意謂著未來真正的 AGI 必然是與人類相仿的，能夠同時利用視覺、聽覺、觸覺等多種感知模態來理解世界，並且能將這些不同模態的資訊進行有效整合和綜合，並且真正的 AGI 需要同時從所有模態資訊中學習知識、經驗、邏輯、方法。

1.3.2　多模態的爆發前夕

可以看到，相較於單模態，多模態 AI 能夠同時處理文字、圖片、音訊及影片等多類資訊，與現實世界融合度高，更符合人類接收、處理和表達資訊的方式，與人類對話模式更加靈活，表現得更加智慧，能夠執行更大範圍的任務，有望成為人類智慧助手，推動 AI 邁向 AGI。

在這樣的背景下，科技巨頭也看到了多模態 AI 的價值，紛紛加強對多模態 AI 的投入。Google 推出了原生多模態大模型 Gemini，可泛化並無縫地理解、操作和組合不同類別的資訊。此外，2024 年 2 月推出 Gemini 1.5 Pro，使用 MoE 架構首破 100 萬極限上下文紀錄，可單次處理包括 1 小時的影片、11 小時的音訊、超過 3 萬行程式碼或超過 70 萬個單詞的程式碼庫。Meta 堅持大模型開源，建設開源生態鞏固優勢，已陸續開源 ImageBind、AnyMAL 等多模態大模型。

OpenAI 作為多模態領域獨領風騷的巨頭，2024 開年以來，OpenAI 就密集劇透 GPT-5，相較於 GPT-4 實現全面升級，重點突破語音輸入和輸入、影像輸出及最終的影片輸入方向，或將實現真正的多模態。

此外，2024 年 2 月，OpenAI 發布文字生成影片大模型 Sora，更代表著多模態 AI 的跨越式發展，Sora 能夠根據文字指令或靜態影像生成 1 分鐘的影

片，其中包含精細複雜的場景、生動的角色表情及複雜的鏡頭運動，同時也接受現有影片延伸或填補缺失的影格，能夠很好地模擬和理解現實世界。Sora 的問世，將進一步推動多模態智慧處理技術的發展，為影片內容的生成、編輯和理解等應用領域，帶來更多的創新和可能性。

從語音辨識、影像生成、自然語言理解、影片分析，到機器翻譯、知識圖譜等，多模態 AI 都能夠提供更豐富、更智慧、更人性化的服務和體驗。與單純透過自然語言進行互動或輸入輸出相比，多模態應用顯然具備更強的可感知、可互動、可通感（移覺）等天然屬性，特別是基於大模型的多模態 AI，在強大泛化能力基礎上，大模型可以在不同模態和場景之間，實現知識的遷移和共用，將大模型的應用擴展到不同的領域和場景。

如果說 2023 年的 GPT 等大語言模型開啟了應用創新的新時代，那麼 2024 年包含 Sora 在內的生機勃勃的多模態 AI，則會把這一輪應用創新推到又一個高潮。新一輪的變革已經開啟，人類正在朝著通用人工智慧時代堅定地前進。

02
CHAPTER

Sora 是如何煉成的？

2.1　Sora 技術報告全解讀

　　毋庸置疑，Sora 是人工智慧領域的一次重大突破，Sora 已經向我們展示了 AI 在理解和創造複雜視覺內容方面的先進能力。Sora 的出現，預示著一個全新的視覺敘事時代的到來，它能夠將人們的想像力轉化為生動的動態畫面，將文字的描述轉化為視覺的盛宴。除了感嘆 Sora 的強大之外，另一個許多人都在關心的問題是「Sora 這麼強，到底是怎麼做到的？」

2.1.1　Sora = 擴散模型 + Transformer

　　對於 Sora 的工作原理，OpenAI 發布了相關的技術報告，標題就是「作為世界模擬器的影片生成模型」。就這篇技術報告的標題而言，可以看到 OpenAI 對於 Sora 的定位是世界模擬器，也就是為真實世界建模，模擬各種現實生活的物理狀態，而不僅僅是一個簡單的文字生成影片的工具。也就是說，Sora 模型的本質是透過生成虛擬影片，來模擬現實世界中的各種情境、場景和事件。

Research

Video generation models as world simulators

We explore large-scale training of generative models on video data. Specifically, we train text-conditional diffusion models jointly on videos and images of variable durations, resolutions and aspect ratios. We leverage a transformer architecture that operates on spacetime patches of video and image latent codes. Our largest model, Sora, is capable of generating a minute of high fidelity video. Our results suggest that scaling video generation models is a promising path towards building general purpose simulators of the physical world.

圖 2-1

　　技術報告裡提到，這一研究嘗試在大量影片資料上訓練影片生成模型。研究人員在不同持續時間、解析度和長寬比的影片和影像上，聯合訓練了以文

字為輸入條件的擴散模型，同時引入了一種 Transformer 架構，該架構對影片的時空序列包和影像潛在編碼進行操作，其中最頂尖的模型—也就是 Sora，已經能夠生成最長 1 分鐘的高畫質影片，這代表著影片生成領域取得了重大的突破。研究結果表示，透過擴大影片生成模型的規模，有望建構出能夠模擬物理世界的通用模擬器，這無疑是一條極具前景的發展道路。

簡單來說，Sora 就是一個基於擴散模型、再加上 Transformer 架構的視覺大模型（這也是 Sora 的創新所在）。在過去的十年，影像和影片生成領域有著巨大的發展，湧現了多種不同架構的生成方法，其中的「生成式對抗網路」（GAN）、「StyleNet 框架路線」、「Diffusion 模型（擴散模型）路線」及「Transformers 模型路線」是最突出的四種技術路線。

🎬 生成式對抗網路

「生成式對抗網路」（GAN）是由「生成器」和「鑑別器」兩部分組成，生成器的目標是「創造出看起來像真實圖片的影像」，而鑑別器的目標是「區分真實圖片和生成器產生的圖片」，這兩者相互競爭，最終生成器將學會產生越來越逼真的圖片。雖然 GAN 生成影像的擬真性很強，但是其生成結果的豐富性略有不足，即對於給定的條件和先驗知識，它生成的內容通常十分相似。

🎬 StyleNet 框架路線

「StyleNet 框架路線」是基於深度學習的方法，使用神經網路架構來學習輸入語言和影像或影片特徵間的關係。透過學習樣式和內容的分離，StyleNet 能夠將不同風格的影像或影片內容進行轉換，實現風格遷移、影像／影片風格化等任務。

📽 Diffusion 模型（擴散模型）路線

「Diffusion 模型（擴散模型）路線」是一種透過添加雜訊並學習去噪過程來生成資料的方法。透過連續添加高斯雜訊來破壞訓練資料，然後透過學習反轉的去噪過程來恢復資料，擴散模型就能夠生成高品質、多樣化的資料樣本。舉例而言，假如我們現在有一張小狗的照片，我們可以一步步給這張照片增加噪點，讓它變得越來越模糊，最終會變成一堆雜亂的噪點。假如把這個過程顛倒過來，對於一堆雜亂無章的噪點，我們同樣可以一步步去除噪點，把它還原成目標圖片，擴散模型的關鍵就是「學會逆向去除噪點」。擴散模型不僅可以用來生成圖片，還可以用來生成影片。例如：擴散模型可以用於影片生成、影片去噪等任務，透過學習資料分布的方式來生成逼真的影片內容，提高生成模型的穩定性和穩健性。

📽 Transformers 模型路線

Transformers 模型路線我們已經很熟悉了，Transformers 模型就是一種能夠理解序列資料的神經網路類型，透過自注意力機制來分析序列資料中的關係。在影片領域，Transformers 模型可以應用於影片內容的理解、生成和編輯等任務，透過對影片影格序列進行建模和處理，實現影片內容的理解和生成。相較於傳統的循環神經網路（RNN），Transformers 模型在長序列建模和平行計算方面具有優勢，能夠更好地處理影片資料中的長期依賴關係，提升生成品質和效率。

📽 Diffusion Transformer 模型

Sora 其實採用的就是 Diffusion 模型（擴散模型）路線和 Transformers 模型路線的結合—Diffusion Transformer 模型，即 DiT，並且憑藉著打造與訓練

GPT-4 等大語言模型的先進經驗，Sora 還進一步優化了 Diffusion Transformer 模型，提出了 Scacling Transformer 模型。

根據 Sora 技術報告，Sora 採用的 DiT 架構的理論基礎是一篇名為「Scalable diffusion models with transformers」的學術論文，該篇論文是 2022 年 12 月由柏克萊大學研究人員、現 Sora 團隊技術領導威廉・皮伯斯（William（Bill）Peebles）和紐約大學研究人員謝賽寧共同發表。

在 Sora 發布後，謝賽寧在 X 平台上寫道：「當 Bill 和我參與 DiT 專案時，我們並未專注於創新，而是將重點放在了兩個方面：簡潔性（Simplicity）和可擴展性（Scalability）」。他表示：「可擴展性是論文的核心主題，優化的 DiT 架構的運行速度比 UNet（傳統文字到影片模型的技術路線）快得多。更重要的是，Sora 證明了 DiT 縮放定律不僅適用於影像，現在也適用於影片──Sora 複製了 DiT 中觀察到的視覺縮放行為」。

具體來看，基於擴散模型和 Transformer 架構結合的創新，Sora 首先將不同類型的視覺資料轉換成統一的視覺資料表示（視覺塊），然後將原始視訊壓縮到一個低維潛在空間，並將視覺表示分解成時空塊（Spacetime Patch，相當於 Transformer Token），讓 Sora 在這個潛在空間裡進行訓練並生成影片，接著做加噪去噪，輸入雜訊塊後，Sora 透過預測原始乾淨塊（Patch）來生成影片。

OpenAI 發現訓練計算量越大，樣本品質就會越高，特別是經過大規模訓練後，Sora 展現出模擬現實世界某些屬性的「湧現」能力，這也是為什麼 OpenAI 把影片生成模型稱為「世界模擬器」，並總結說「持續擴展影片模型是一條模擬物理和數位世界的希望之路」的原因。

2.1.2 為 Sora 打造影片語言—「塊」（Patches）

除了對擴散模型和 Transformer 進行創新結合外，OpenAI 還創造性地為 Sora 打造了影片語言「Patches」，即「塊」。大語言模型對文字資料的輸入範式 Tokens 實現了程式碼、數字、字母、漢字等文字多模態的統一表達，使得大語言模型具備多種專業領域的通用式對話能力。以此為基礎，OpenAI 繼承了 Token 生成的技術理念，提出 Sora 對影片資料的輸入範式塊（Patches）。

簡單來說，「塊」（Patches）其實就是 Sora 的基本單元，Patches 是影片的片段，一個影片可以理解不同 Patches 按照一定序列組織起來的。就像 GPT-4 的基本單元是 Token，而 Token 是文字的片段。GPT-4 被訓練以處理一串 Token，並預測出下一個 Token；Sora 遵循相同的邏輯，可以處理一系列的 Patches，並預測出序列中的下一個 Patches。

具體來看，Sora 的影片生成過程是一個精細複雜的工作流程，主要分為「視訊壓縮網路」、「時空補丁提取」、「影片生成的 Transformer 模型」等三個主要步驟。

📽 步驟①：視訊壓縮網路

「視訊壓縮網路」是 Sora 處理影片的第一步，它的任務是將輸入的影片內容壓縮成一個更加緊湊、低維度的表示形式，這一過程類似於將一間雜亂無章的房間打掃乾淨，並重新組織。我們的目標是用盡可能少的盒子裝下所有東西，同時確保日後能快速找到所需之物，在這個過程中，我們可能會將小物件裝入小盒子中，然後將這些小盒子放入更大的箱子裡，這樣我們就可以用更少、更有組織的空間儲存了同樣多的物品。「視訊壓縮網路」正是遵循這一原理，它將一段影片的內容打掃和組織成一個更加緊湊、高效的形式（即降維），旨在捕捉影片中最為關鍵的資訊，同時去除那些對生成目標影片不

必要的細節，這不僅大幅提高了處理速度，也為接下來的影片生成打下了基礎。

　　那麼，Sora 是怎麼做的呢？這裡就用到了「塊」（Patches）的概念。簡單來說，「塊」就像是大語言模型中的詞元（Token），指的是將影像或影片影格分割成的一系列小塊區域，這些塊是模型處理和理解原始資料的基本單元。對於影片生成模型而言，塊不僅包含了局部的空間資訊，還包含了時間維度上的連續變化資訊。模型可以透過學習塊與塊之間的關係來捕捉運動、顏色變化等複雜視覺特徵，並基於此重建出新的影片序列，這樣的處理方式有助於模型理解和生成影片中的連貫動作和場景變化，從而實現高品質的影片內容生成。

　　此外，OpenAI 還在塊的基礎上，將其壓縮到低維度潛在空間，再將其分解為「時空塊」（Spacetime Patches）。其中，「潛在空間」是指一個高維資料透過某種數學變換（如編碼器或降維技術）後所映射到的低維空間，這個低維空間中的每個點通常對應於原始高維資料的一個潛在表示或抽象特徵向量。本質上，「潛在空間」就是一個能夠在複雜性降低和細節保留之間達到近乎最優的平衡點，極大地提升了視覺真實度。

　　「時空塊」則是指從影片影格序列中提取出的、具有固定大小和形狀的空間-時間區域。相較於塊而言，時空塊強調了連續性，模型可以透過時空塊來觀察影片內容隨時間和空間的變化規律。為了製造這些時空塊，OpenAI 訓練了一個網路，即「視訊壓縮網路」，用於降低視覺資料的維度，這個網路接受原始影片作為輸入，並輸出一個在時間和空間上都進行了壓縮的潛在表示。Sora 在這個壓縮後的潛在空間中進行訓練和生成影片，同時 OpenAI 也訓練了一個相應的解碼器模型，用於將生成的潛在向量映射回像素空間。

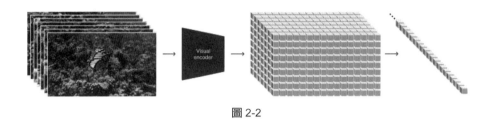

圖 2-2

步驟②：時空補丁提取

經過視訊壓縮網路處理後，Sora 接下來會將這些壓縮後的影片資料進一步分解為所謂的「空間時間補丁」，這些補丁可以視為構成影片的基本元素，每一個補丁都包含影片中一小部分的空間和時間資訊。這一步驟使得 Sora 能夠更細緻地理解和操作影片內容，並在之後的步驟中進行針對性處理。

步驟③：影片生成的 Transformer 模型

最後一步是基於 Transformer 的模型，Sora 會根據給定的文字提示和已經提取的空間時間補丁，開始生成最終的影片內容。在這個過程中，Transformer 模型會決定如何將這些單元轉換或組合，包含塗改初始的雜訊影片、逐步去除無關資訊、添加必要細節，最終生成與文字指令相匹配的影片。透過數百個漸進的步驟，Sora 能夠將這段原本看似無意義的雜訊影片，轉變為一個精細、豐富且符合使用者指令的影片作品。

經由這三個關鍵步驟的協同工作，Sora 就能夠將文字提示轉化為具有豐富細節和動態效果的影片內容。可以看到，Sora 所用到的技術並不是最新的技術，不管是擴散模型還是 Transformer，都是早已提出來的模型，Sora 所做的就是把 Diffusion 和 Transformer 架構結合在一起，而建立了 Diffusion Transformer 模型，並為 Sora 打造影片語言—「塊」（Patches）。不過，雖然 Sora 的誕生沒有多麼純粹原創的技術，很多技術成分早已存在，但 OpenAI 卻

比所有人都更篤定地走下去，並用足夠多的資源在巨大的規模上驗證了它，這也是 OpenAI 能夠成功的重要原因。

2.2 用大模型的方法理解影片

與過去任何的 AI 影片生成應用程式都不同，Sora 最大的特點就是引入了大模型的方法來理解影片。可以說，正是因為借鑑了此前 ChatGPT、GPT-4 等大模型的經驗，才有了 Sora 的成功，而 Sora 的出現，也反過來證明大模型路線的又一次成功。

2.2.1 大模型的成功經驗

大模型的成功為 AI 發展帶來了許多的經驗，例如：足量的資料、優質的標註、靈活的編碼及底層架構等。

📽 資料方面

從 OpenAI 公布的有限資訊來看，雖然 OpenAI 並沒有公布 Sora 訓練資料的來源和建構，但鑑於 Sora 生成內容的豐富性（例如：甚至可以生成相當連貫一致的 Minecraft 遊戲影片），紐約大學助理教授謝賽寧發表多篇推文進行分析，推測整個 Sora 模型可能有 30 億個參數。

📽 編碼方面

OpenAI 創新性地引入了「塊」（Patches）作為影片語言，在上一節中我們已經提到，在大語言模型的建構中，一個非常重要的部分便是它的「詞

元」（Token）。Token 使得任何長度和內容的文字都能編碼成語言模型可以直接處理（輸入／輸出）的物件，而在 Sora 中，OpenAI 則是將 Token 變成了 Patch，這也為 Sora 帶來了靈活的解析度。Sora 可以生成 1920×1080p（橫向螢幕）至 1080×1920p（直向螢幕）之間任何形狀的影片，這也讓 OpenAI 可以在早期使用低解析度的影片來試錯。

📽 標註方面

OpenAI 運用了旗下 DALL·E3 為 Sora 提供高品質訓練提示（Prompt）。Sora 在訓練過程中，需要使用大量帶有描述文字的影片資料，並且描述文字的精確性、完整性與適用性十分重要。對此，OpenAI 將 DALL·E3 中的圖生文技術運用至影片領域，打造一個具備高精準的影片描述文字生成模型 — Vedio Captioning，保障了影片與描述文字之間的高度一致性，為 Sora 提供高品質訓練提示（Prompt），同時在推理階段，透過此手段，Sora 也具備將使用者輸入的提示（Prompt）進行優化改寫的能力，更高效、高品質地指導模型完成影片生成工作。

📽 底層架構

在底層架構上，OpenAI 不出意外地使用了 Transformer 作為主要架構，再結合 Diffusion Model（擴散模型），畢竟 Transformer 憑藉著注意力機制這一先進理念，一直作為大語言模型的不二之選，而剛好文字生成影片模型更需要依靠強大的語義理解能力來保障生成影片的準確性、可靠性和完整性。而 Diffusion 作為影像類生成模型，具備比其他模型更強的非線性分布模擬能力，於是就成為了 Sora 等處理複雜任務的大模型首要選擇。

📋 規模法則

除了資料、標註、編碼和底層架構之外，大模型的成功或者說 OpenAI 的成功，還有一個核心的價值理念—「規模法則」（Scaling Law）。「規模法則」是一種普遍存在於各種複雜系統中的現象，從生物界到城市科學，其基本原理是隨著系統規模的增大，某些特定屬性或關係呈現出一種固定的模式或規律，這種規律通常表現為一種數學函數關係，例如：冪律函數（Power law）。

舉例而言，在鳥群中，鳥和鳥之間的關聯便是關於距離的冪律函數，即鳥群中的鳥之間的距離並不是隨機分布的，而是呈現出某種規律，這種規律可以透過冪律函數來描述。鳥在飛行或覓食時，會受到其他鳥的影響，例如：受到引力或斥力的作用，這些相互作用會導致鳥之間形成一種特定的排布模式，當鳥群規模增大時，個體之間的相互作用數量也隨之增加，因此更多的鳥會受到其他鳥的影響，從而導致距離更近或更遠的鳥之間的數量變化，而冪律函數則能夠很好地描述這種變化趨勢。

關於語言模型的規模法則，來自 OpenAI 2020 年發布的論文，其釋義可簡要總結為：隨著「模型大小」、「資料集大小」、「（用於訓練的）計算浮點數」的增加，模型的效能會提高。當不受其他兩個因素的制約時，模型效能與每個單獨的因素都有冪律關係，簡單來說，就是大模型隨著尺度的變化，計算準確度呈現冪律上升。

雖然 OpenAI 沒有放出 Sora 的訓練細節，但我們其實可以在 Sora 的技術報告中，又一次看到 OpenAI 所擁護的核心理念—「規模法則」（Scaling Law）。顯然的，支援 Sora 的 Diffusion Transformer 模型同樣符合規模法則，隨著訓練計算量增加，影片品質顯著提升。

2.2.2 物理世界的「湧現」

OpenAI 每次提到規模法則時，幾乎都會伴隨著「湧現」現象的出現。「湧現」是個很神奇的現象，我們都知道當螞蟻聚集成群時，往往會展現出一種不可思議的智慧表現，例如：它們能夠自動發現從蟻群到達食物的最短路徑，這種智慧表現並不是由於某些個體螞蟻的聰明才智，因為每隻螞蟻都非常小，不可能規劃比它們身長長至少幾十倍以上的路徑，這種行為是由於許多螞蟻聚集成一個蟻群才表現出來的智慧，這種現象其實就是「湧現」。不只是螞蟻，從鳥群的靈活有序到大腦產生意識，皆是湧現出來的特質。

在大模型領域，ChatGPT、GPT-4 也表現出智慧的湧現，即隨著模型規模變大，大模型突然在某一刻擁有了以前沒有的能力，例如：擁有類人的語言邏輯能力，甚至能在自然語言互動中回答一些智力題，當然這也是必然出現的現象，正如人類在知識類到達一定程度的時候，就會出現認知的躍遷（Transition），從質變到量變的一個過程。而機器智慧在結構化人類各種資料的基礎上，尤其是對巨量資料進行結構化之後，必然能夠從中尋找與總結出我們人類各種知識背後的規律，並且這種規律是我們人類自身都無法捕捉與總結的大數據下的規律。這種透過巨量資料學習所總結與獲得的規律，並將這些規律加以應用，這就成為了當前所說的人工智慧的「湧現」現象。

而現在這種神奇的進步，再次在 Sora 身上得到了體現。正如 OpenAI 在技術報告裡提到的，在長期的訓練中，OpenAI 發現 Sora 不僅能夠生成視覺上令人印象深刻的影片內容，而且還能模擬複雜的世界互動，展現出驚人的「三維一致性」和「長期一致性」。這些特性共同賦予了 Sora 在影片內容創作中的巨大優勢，使其成為一個強大的工具，能夠在各種情境下創造出既真實又富有創意的視覺作品。

📋 三維一致性

所謂「三維一致性」，是指 Sora 能夠生成動態視角的影片，同時隨著視角的移動和旋轉，人物及場景元素在三維空間中仍然保持一致的運動狀態，這種三維一致性不僅增加了生成影片的真實感，也極大擴展了創作的可能性。無論是環繞一個跳舞的人物旋轉的攝影機視角，還是在一個複雜場景中的平滑移動，Sora 都能以高度真實的方式再現這些動態。

值得一提的是，這些屬性並非透過為三維物體等添加明確的歸納偏置（Inductive Bias）而產生，它們純粹是規模效應的現象。也就是說，Sora 自己根據訓練的內容，判斷出了現實世界中的一些物理客觀規律，在某種程度上，人類如果僅僅是透過肉眼觀察，也很難達到這樣的境界。

📋 長期一致性

在生成長影音內容時，維持影片中的人物、物體和場景的一致性是一項巨大的挑戰，Sora 展示了在影片的多個鏡頭中準確保持角色的外觀和屬性的能力，這種「長期一致性」確保了即使在影片持續時間較長或場景變換頻繁的情況下，影片內容也能保持邏輯性和連續性。例如：即使人物、動物或物體被遮擋或離開畫面，Sora 仍能保持這些元素存在於視線外，等到視角轉換到能看到他們的時候，再將這些內容展現出來。同樣的，它能夠在單個樣本中生成同一角色的多個鏡頭，並在整個影片中保持其外觀的一致性。

Sora 的模擬能力還包括模擬人物與環境之間的互動，這些微不足道的細節，卻極大增強了影片內容的沉浸感和真實性。透過精細地模擬這些互動，Sora 能夠創造出既豐富又具有高度真實感的視覺故事。

基於這些特性，才有了 OpenAI 的結論，即「影片生成模型是建構通用物理世界模擬器的一條有前景的道路」。Sora 目前所展現的能力也確實表明，

它是能透過觀察和學習來瞭解物理規律的，而人工智慧能理解物理世界的規律，並能夠生成影片來模擬物理世界，這在過去是人們不敢想像的。

儘管目前 Sora 還存在不少的問題，例如：Sora 在其生成的 48 個影片 Demo 中留了不少的穿幫畫面，在模擬基本物理互動時的準確性仍然不足。從現有的結果來看，它還無法準確模擬許多基本互動的物理過程及其他類型的互動，物體狀態的變化並不總是能夠得到正確的模擬，這說明很多現實世界的物理規則是沒有辦法透過現有的訓練來推斷的。在 NVIDIA 科學家范麟熙（Jim Fan）看來，目前 Sora 對湧現物理的理解是脆弱的、並非完美，仍會產生嚴重、不符合常識的幻覺，還不能很好掌握物體間的相互作用，這和數位孿生還存在著本質上的區別，可以說 Sora 能建構的是一種模擬世界，而並非真實物理世界的數位化生成與驅動。

在網站首頁上，OpenAI 詳細列出了模型的常見問題，包括在長影音中出現的邏輯不連貫，或者物體會無緣無故地出現，例如：隨著時間推移，有的人物、動物或物品會消失、變形或生出分身；或者出現一些違背物理常識的畫面，像穿過籃框的籃球、懸浮移動的椅子，如果將這些鏡頭放到影視劇裡或者作為長影音的素材，則需要做很多的修補工作。Sora 究竟是否真的能夠模擬物理世界，還有待時間的驗證，但希望已經擺在我們的眼前。

2.3 Sora 是世界模型嗎？

在關於 Sora 的討論裡，一個最受關注、也最具爭議的問題是「Sora 是一個世界模型嗎？」或者說，「Sora 實現世界模型的技術路線究竟是不是正確的？」

對此，OpenAI 在官方網站上表示，Sora 是能夠理解和模擬現實世界的模型的基礎，並且相信這一能力將是實現通用人工智慧的重要里程碑，而以圖靈獎得主、Meta 首席科學家楊立昆（Yann LeCun）為代表的人工智慧專家則質疑 Sora 的能力，甚至憤怒地表示 Sora 的生成式技術路線註定失敗。Sora 的世界模型爭議究竟是如何掀起的？ Sora 的誕生對世界模型又有何意義呢？

2.3.1　什麼是世界模型？

在討論 Sora 到底是不是世界模型之前，我們需要先回答一個問題：「什麼是世界模型？」

「世界模型」的概念源於人類對理解和模擬現實世界的追求，它與動物（包括人類）如何理解和預測周圍環境的研究相關，這些研究起源於認知科學和神經科學。而隨著時間的推移，這一思想被引入到電腦科學、特別是人工智慧領域，成為研究人員設計智慧系統時的一個重要考慮因素。

在人工智慧領域中，所謂「世界模型」是指機器對世界運作方式的理解和內部表示，也可以理解為抽象概念和感受的集合。它能幫助 AI 系統理解、學習和控制環境中發生的事情，因此世界模型也可以看作是 AI 系統的心智模型，是 AI 系統對自身和外部世界的認知和期望。

簡單來說，「世界模型」就是讓 AI 透過學習世界的內在規律來建構一個全面的內部模型，世界模型是一種全面、綜合地描述和預測環境的方法，透過對感知資訊的處理和資料建模，可以實現對於物體、場景、動作等要素的準確抽象和模擬。這種模型能夠使 AI 具備預測未來事件、進行長期規劃和決策的能力。例如：玩家正在玩一個賽車遊戲，世界模型可以協助玩家模擬賽車預測不同駕駛策略的結果，從而選擇最佳的行駛路線；或者在現實中，一個

機器人可以使用世界模型來預測移動一個物體可能引起的連鎖反應，從而做出更安全、更有效的決策。

理解現實世界的物理法則，也是通往「通用人工智慧」（AGI）這一終極目標的必經之路。我們可以把 AGI 理解為一種具備全面的、人類水準的智慧，能夠跨越不同的抽象思維領域的 AI 系統，這就要求我們必須建立一個與經驗一致的世界模型，並允許對預測進行準確的假設。

顯然的，人工智慧如果想要具備全面的、人類水準的智慧，需要理解真實世界、理解物理定律，包括能量守恆定律、熱力學定律、力的相互作用定律等，例如：①蘋果不能突然在空中漂浮，這不符合牛頓的萬有引力定律；②在光線照射下，物體產生的陰影和高光的分布要符合光影規律等；③物體之間產生碰撞後，會破碎或者彈開。只有準確表示物體之間運動的相互關係和相互作用，才能讓人類感覺到智慧。

世界模型不僅提高了 AI 的抽象和預測能力，使其能夠理解複雜環境，並規劃未來行動，還促進了 AI 的創造性問題解決和社會互動能力。透過內部模擬和推理，世界模型使 AI 能夠適應新環境、有效合作及自主學習，從而推動 AI 技術向更高層次的智慧進化。

Runway 公司在 2023 年 12 月就提過要開發通用世界模型（General World Model），用其旗下的 Gen-2 模型來模擬整個世界。Runway 認為人工智慧的下一個重大進步，將來自理解視覺世界及其動態的系統，這就是為什麼 Runway 要圍繞通用世界模型來開始一項新的長期研究工作的原因，只不過 Runway 的計畫被 OpenAI 搶先了。

從效果上看，目前 OpenAI 已經透過 Sora 部分做到了這一點。Sora 可以生成逼真的影片，看起來影片當中包含一個完整的 3D 世界建模，同時 Sora 支

援在保持畫面內容一致的前提下切換鏡頭，甚至能夠按照時間順序往前或者往後生成新的影片內容。很多人認為，Sora 學會了預知事物發展的能力，這正是世界模型研究所追求的。

2.3.2　支持還是反對？

Sora 的出現，讓我們看到了多模態模型在模擬物理世界時的巨大潛能，同時也引發了科技圈對於「世界模型」的眾多爭議，支持的聲音眾多，反對的聲音也不少。

📋 支持 Sora 作為世界模型

在支持的聲音中，NVIDIA 高級科學家范麟熙（Jim Fan）對此表示，Sora 是一個資料驅動的物理引擎，「它是對許多世界的模擬，無論是真實的還是虛構的，該模擬器透過去噪和梯度學習方式，學習了複雜的渲染、直觀的物理、長期推理和語義理解」。舉例而言，GPT-4 一定是學習到某種形式的語法、語義和資料結構，才能生成可執行的 Python 程式碼，因為 GPT-4 本身並不儲存 Python 語法樹。同理的，Sora 一定學習到一些隱式的 3D 轉換、光線追蹤渲染技巧和物理規則，才可能準確地對影片像素進行建模。

除了范麟熙的認同之外，支援 Sora 作為世界模型的另一種觀點則認為，並不是所有的需求都需要對物理世界有一個準確的理解後，才能生產出相應的產品來滿足人類的需求，就好像我們欣賞圖片或影片時，我們的眼睛並沒有關心每一個像素是否符合物理世界規律。一個廣義的世界模型已經可以滿足很多的需求，極大提高人類的收集、分析、生產資訊的效率。

🎬 反對 Sora 作為世界模型

在反對的聲音中，圖靈獎得主、Meta 首席人工智慧科學家楊立昆（Yann LeCun）在 X 平台多次發文表達其看法。「世界模型」一直是楊立昆的研究重點，在他看來，僅僅根據提示詞（Prompt）生成逼真影片，並不能代表一個模型理解了物理世界，生成影片的過程與基於世界模型的因果預測完全不同。楊立昆表示：「模型生成逼真影片的空間非常大，影片生成系統只需要產生一個合理的示例就算成功」，根據楊立昆的觀點，影片符合物理規律，不等於影片的生成基於物理規律，更不等於生成影片的大模型本身是資料驅動的物理引擎。所謂「物理」，可以只是影片畫面整體與局部、前後影格統一的像素級的變化規律、表徵關係。

在不看好 Sora 技術路徑的質疑聲中，不只楊立昆，Keras 之父弗朗索瓦‧肖萊（François Chollet）也持有相似的觀點，他認為僅僅透過讓 AI 觀看影片，是無法完全學習到世界模型的。儘管 Sora 確實展現出對物理世界的模擬，但問題是這個模擬是否準確呢？它能否泛化到新的情況，即那些不僅僅是訓練資料插值的情形？這次問題至關重要，因為它們決定了生成影片的應用範圍，是僅限於媒體生產還是可以用作現實世界的可靠模擬。

弗朗索瓦‧肖萊總結到，透過機器學習模型擬合大量資料點後形成的高維曲線，在預測物理世界方面是存在侷限的。在特定條件下，大數據驅動的模型能夠有效捕捉和模擬現實世界的某些複雜動態，例如：預測天氣、模擬風洞實驗等，但這種方法在理解和泛化到新情況時存在侷限，所以他認為不能簡單透過擬合大量資料，來期望得到一個能夠泛化到現實世界所有可能情況的模型。《Artificial Intuition》作者 Carlos E. Perez 則認為 Sora 並不是學會了物理規律，只是看起來像學會了，就像幾年的煙霧模擬一樣」。

2.3.3　通往世界模型的兩種路徑

關於「Sora 作為世界模型」的支持和反對的觀點，其實也代表著通往世界模型的兩種路徑。其中，支持 Sora 作為世界模型，其實也就是支持 OpenAI 的自動迴歸生成式路線（Auto-regressive models），即「大數據、大模型、大運算能力」的暴力美學路線，從 ChatGPT 到 Sora，都是這一思路的代表性產物。簡單來說，Sora 透過分析影片來捕捉現實世界的動態變化，並利用電腦視覺技術重現這些變化，創造新的視覺內容，它的學習不限於影片的畫面和像素，還包括影片中展示的物理規律。

OpenAI 相信規模，這也是 OpenAI 的核心價值觀，當有疑問時，就擴大規模，畢竟 ChatGPT 就是這樣做的。電腦科學家斯蒂芬・沃爾夫勒姆（Stephen Wolfram）在《這就是 ChatGPT》一書中，直白介紹了 ChatGPT 的原理，即先從網際網路、書籍等來獲取人類創造的巨量文字樣本，然後訓練一個神經網路來生成「與之類似」的文字；值得注意和出乎意料的是，這個過程可以成功地產生與網際網路、書籍中的內容「相似」的文字。ChatGPT「僅僅」是從其累積的「傳統智慧的統計資料」中，提取了一些「連貫的文字線索」，但是結果的類人程度已經足夠令人驚訝了。

但以楊立昆為代表的業界專家，則認為這一技術路線是錯誤的，不可能產生真正的智慧。楊立昆曾表示，大語言模型擁有從書面文字中提取的大量背景知識，但缺少人類所擁有的常識。常識是我們與物理世界互動的結果，並沒有在任何文字中體現出來。大語言模型對潛在的現實沒有直接的經驗，因此展示的常識性知識非常淺薄，在應用中可能與現實脫節。

舉例而言，大語言模型能夠根據足球的材質、顏色等物理資訊，得出足球被踢飛後的運行軌跡，這個推理過程不需要考慮物理力學的參數，而是基於

訓練資料中的機率。透過規模化訓練，大模型在語言交流、影像和影片生成方面達到了出人意料的效果，但無法應用於解決基於因果的現實問題。

楊立昆認為，實現真正的智慧突破不是靠規模，而是讓 AI 在世界模型中學習常識。在論文《A Path Towards Autonomous Machine Intelligence Version》中，楊立昆提出了有關世界模型架構的另一種思路，與生成式架構透過前值預測後值不同，這一思路把重點放在「預測前值與後值之間的抽象關係」上。

論文中提到，人或動物大腦中似乎運行著一種對世界的模擬，稱之為「世界模型」，這個模型指導人和動物對周圍發生的事情做出良性預測。楊立昆曾舉例表示，嬰兒在出生後的最初幾個月透過觀察世界來學習基礎知識，例如：看到一個物體掉落，就幾乎瞭解了重力，這種預測接下來會發生什麼的能力來自於常識，楊立昆認為它就是智慧的本質。

根據論文中的思路，楊立昆提出了「聯合嵌入預測架構」（JEPA），並幫助 Meta 發布了 I-JEPA 和 V-JEPA 兩個大模型，兩個模型分別展示了在影像和影片方面的預測能力。Meta 在訓練 V-JEPA 模型的過程中，遮罩了影片的大部分內容，模型僅顯示一小部分上下文，他們發現透過遮罩影片的部分內容，可以迫使模型學習，並加深對場景的理解，整個過程就像老師把問題和答案給到學生，讓學生還原推導出答案的步驟。V-JEPA 可以預測短時間內畫面前後的抽象變化，例如：給定一個廚房砧板的畫面，它可以還原製作三明治的過程。Meta 的下一步目標是，展示如何利用這種預測器或世界模型，來進行規劃和連續決策。

總結來說，現今討論「Sora 到底是不是世界模型」，其實並沒有多大的意義，也很難有一個真正的結論，我們要看到和討論的是 Sora 令人驚嘆的出色表現，以及它究竟會如何改變我們的生活。

顯然的，Sora 要想成為真正的世界模型，還需要很長一段路要走，這其中就包括運算能力的制約能否獲得突破與解決，並且機器智慧在學習真實物理世界的各種物理定律與規則之後，在多重疊加的物理規則下，是否能夠有效的掌握，或者說是否能從各種影像訓練資料中抽取與掌握物理規律，這也是當前 OpenAI 所面臨的現實挑戰。

2.4　Sora 背後的重磅團隊

除了關注 Sora 效能、技術原理之外，Sora 團隊成員同樣引人注目，畢竟對於 Sora 這樣一個震驚世界的 AI 模型，人們也難免好奇到底是什麼樣的團隊，才能開發出這樣的曠世大作。

2.4.1　13 人組成的團隊

根據 Sora 官網公布的資訊，Sora 的作者團隊一共有 13 位。

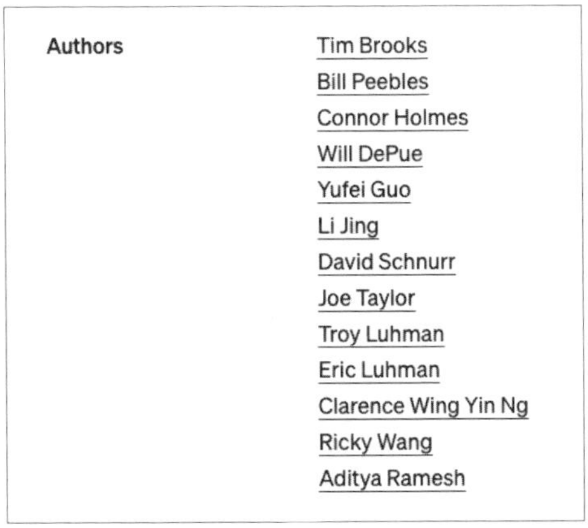

Authors	Tim Brooks
	Bill Peebles
	Connor Holmes
	Will DePue
	Yufei Guo
	Li Jing
	David Schnurr
	Joe Taylor
	Troy Luhman
	Eric Luhman
	Clarence Wing Yin Ng
	Ricky Wang
	Aditya Ramesh

圖 2-3

Tim Brooks 在 OpenAI 共同領導了 Sora 專案，他的研究重點是開發能模擬現實世界的大型生成模型。Tim 本科就讀於卡內基梅隆大學，主修邏輯與計算，輔修電腦科學，期間在 Facebook 軟體工程部門實習了四個月；2017 年，本科畢業的 Tim 先到 Google 工作了近兩年，在 Pixel 手機部門中研究 AI 相機，之後到了柏克萊 AI 實驗室攻讀博士，在柏克萊讀博期間，Tim 的主要研究方向就是圖片與影片生成，他還在 NVIDIA 實習，並主導了一項關於影片生成的研究；回到校園後，Tim 與導師 Alexei Efros 教授和同小組博士後 Aleksander Holynski（目前就職 Google）一起研製了 AI 圖片編輯工具 InstructPix2Pix，並入選 CVPR 2023 Highlight；2023 年 1 月，Tim 順利畢業並取得了博士學位，轉而加入 OpenAI ，並相繼參與了 DALL-E 3 和 Sora 的工作。

共同領導 Sora 專案的另一位科學家 Bill Peebles 與 Tim 師出同門，僅比 Tim 晚四個月畢業，Bill Peebles 專注於影片生成和世界模擬技術的開發。Bill Peebles 本科就讀於 MIT，主修電腦科學，參加了 GAN 和 text2video 的研究，還在 NVIDIA 深度學習與自動駕駛團隊實習，研究電腦視覺。畢業後、正式開始讀博之前，Bill Peebles 還參加了 Adobe 的暑期實習，研究的依然是 GAN；在 FAIR 實習期間，和現 NYU 華人教授謝賽寧合作，研發出了 Sora 的技術基礎之一 ─ DiT（擴散 Transformer）。

Connor Holmes 在微軟實習了幾年後，成為微軟的正式員工，隨後在 2023 年底跳槽到了 OpenAI，Connor Holmes 一直致力於解決在推理和訓練深度學習任務時遇到的系統效率問題。在 LLM、BERT 風格編碼器、循環神經網路（RNNs）和 UNets 等領域，他都擁有豐富的經驗。

Will DePue 高中就讀於 Geffen Academy at UCLA，這是一所大學附屬中學，招收 6 至 12 年級的學生。在 12 年級最後一年（相當於高三），Will DePue 在疫情期間創立了自己的公司 DeepResearch，後被 Commsor 收購；

2021 年，Will DePue 畢業於密西根大學，獲得 CS 專業學士學位；2023 年 7 月，他加入 OpenAI；2003 年出生的 Will DePue 也是團隊中最小的一位。

Yufei Guo 雖然沒有留下履歷，但在 OpenAI 的 GPT-4 技術報告和 DALL·E 3 技術報告裡，都有參與並留名。

Li Jing 本科畢業於北京大學，在 MIT 取得了物理學的博士學位，現在的研究領域包括多模態學習和生成模型，曾經參與 DALL·E 3 的開發。

David Schnurr 在 2012 年加入了後來被 Amazon 收購的 Graphiq，帶領團隊做出了現在 Alexa 的原型；2016 年跳槽到了 Uber，三年之後加入了 OpenAI，工作至今。

Joe Taylor 之前的工作經歷涵蓋了 Stripe、Periscope.tv / Twitter、Square 及自己的設計工作室 Joe Taylor Designer，他在 2004 至 2010 年期間，於三藩市藝術大學（Academy of Art University）完成了新媒體 / 電腦藝術專業的美術學士（BFA）學位。值得一提的是，在加入 Sora 團隊之前，Joe Taylor 曾經在 ChatGPT 團隊工作過。

Eric Luhman 專注於開發高效和領先的人工智慧演算法，其研究興趣主要在生成式建模和電腦視覺領域，尤其是在擴散模型方面。

Troy Luhman 和 Clarence Wing Yin NG 則相對神祕，並沒有在網上留有相關資訊。

Ricky Wang 是一名華裔工程師，曾經在 Meta 工作多年，也是 2024 年 1 月才加入了 OpenAI。

Aditya Ramesht 本科就讀於紐約大學，並在 LeCun 實驗室參與過一些專案，畢業後直接被 OpenAI 留下，他曾經領導過 DALL·E 2 和 DALL·E 3，可以說是 OpenAI 的元老了。

2.4.2　一個年輕的科技團隊

Sora 團隊的最大特點，就是「年輕」。團隊中既有本科畢業的 00 後，也有剛剛博士畢業的研究者人員，其中 William Peebles 和 Tim Brooks 作為應屆博士生，直接擔任研發負責人來帶領 Sora 團隊，兩人都畢業於加州大學柏克萊人工智慧研究實驗室（BAIR），導師同為電腦視覺領域的頂尖專家 Alyosha Efros，並且從團隊領導和成員的畢業和入職時間來看，Sora 團隊成立的時間也比較短，尚未超過一年。

Sora 團隊雖然是一個年輕的團隊，但團隊成員的經歷不容小覷。從 Sora 團隊成員的工作經歷來看，團隊成員大部分來自外部的科技公司，其中人數來源最多的外部公司是科技巨頭 Meta 和亞馬遜，還有來自微軟、Apple、Twitter、Instagram、Stripe、Uber 等知名科技公司以及《連線》等知名科技雜誌。

與此同時，許多團隊成員也都是參與過 OpenAI 多個專案的資深老兵。在 OpenAI 的技術專案中，Sora 團隊成員參與人數最多的是 DALL·E 3 專案，共有五人參與過，占團隊總人數的近三成，分別是重點關注開發模擬現實世界的生成式大模型的科學家 Tim Brooks；在微軟工作時，以外援形式參與了 DALL·E 3 的推理優化工作的科學家 Connor Holmes；建立了 OpenAI 的文字生成圖片系統 DALL·E 的元老級科學家 Aditya Ramesh；重點關注多模態學習和生成模型的華人科學家 Li Jing 和公開資料少有顯示的華人科學家 Yufei Guo。

其次是 GPT 專案，共有三人參與過，占團隊總人數的近二成，分別是 Aditya Ramesh、Yufei Guo 以及 2019 年就加入 OpenAI 的高級軟體工程師 David Schnurr，他們分別參與了 GPT3、GPT4 和 ChatGPT 的關鍵技術專案研發。

可以看到，Sora 團隊成員在電腦視覺領域有著深厚的技術累積，特別是近三成的團隊成員有參與過 DALL·E 專案的研發經驗，這對之後成功研發 Sora 打下了堅實的基礎。此外，團隊研究人員的研究方向大多集中在圖片與影片生成、模擬現實世界的技術開發、擴散模型等視覺模型以及多模態學習和生成模型方面，也為 Sora 的成功奠定了堅實的理論支撐。

Sora 一詞取自日語，意思是「天空」，寓意著「無限創造潛力」，Sora 團隊正如 Sora 的寓意一樣，不僅對技術有著極致的追求，也充滿了創造力和活力的精神。而 Sora 團隊在人工智慧影像和影片生成領域的突破，也預示著該團隊將在未來的技術革新中扮演重要的角色。

通用 AI 的里程碑

3.1 人類智慧 vs 人工智慧

GPT、Sora 等大模型的狂飆突進，讓人類一次又一次震撼於人工智慧（AI）的強大。在大多數任務上，大模型的表現都不輸於人類、甚至超越人類，這也向人們展示了一個道理，不只有人類才是智慧的黃金標竿。

從人類智慧到人工智慧，今天隨著人工智慧應用的不斷落實，人工智慧之於人類的角色也在悄然改變，人們對於人工智慧的期待和看法，正在從完成特定任務的機器轉向了真正的智慧夥伴，人類智慧不再是世界的唯一智慧，一個人類智慧與人工智慧協同發展的新智慧時代正在到來。

3.1.1 人類智慧的起源和進化

🎬 人類智慧的起源

138 億年前，宇宙大爆炸，這是所有歷史日期的開端，也是創世故事的開始。46 億年前，地球誕生。

6 億年後，在早期的海洋中，出現了最早的生命，生物開始了由原核生物向真核生物複雜而漫長的演化。

6 億年前，埃迪卡拉紀，地球上出現了多細胞的埃迪卡拉生物群，原始的腔腸動物在埃迪卡拉紀的海洋中浮游著，控制它們運動的是體內一群特殊的細胞—神經元，不同於那些主要與附近細胞形成各種組織結構的同類，神經元從胞體上抽出細長的神經纖維，與另一個神經元的神經纖維相會。

這些神經纖維中，負責接收並傳入資訊的「樹突」（dendrite）占了大多數，而負責輸出資訊的「軸突」（axon）則只有一條（但可分叉），當樹突接受到

大於興奮閾值的資訊後，整個神經元就將如同燈泡點亮一般，爆發出一個短促但極為明顯的「動作電位」（actionpotential），這個電位會在近乎瞬間就沿著細胞膜傳遍整個神經元，包括遠離胞體的神經纖維末端。之後，上一個神經元的軸突和下一個神經元的樹突之間，名為「突觸」（synapse）的末端結構會被電訊號啟動，「神經遞質」（neurotransmitter）隨即被突觸前膜釋放，用以在兩個神經元間傳遞資訊，並且能依種類不同，對下一個神經元發揮或興奮或抑制的不同作用。這些最早的神經元憑著自身的結構特點，組成了一張分布於腔腸動物全身的網路。就是這樣一張看來頗為簡陋的神經元網路，成為了日後所有神經系統的基本結構。

人類智慧的進化

2000 萬年前起，一部分靈長類動物開始花更多的時間生活在地面上，到了約 700 萬年前，在非洲某個地方出現了第一批用雙腳站立的「類人猿」。

200 萬年前，非洲東部出現了另一個類人物種，我們稱之為「能人」，這個物種的特別之處在於，它的成員可以製作簡單的石質工具；在這之後，漫長又短暫的 150 萬年中，狹義上的「智慧」在他們那大概只有現代智人一半大的腦子裡誕生發展，他們開始改進手中的石器，甚至嘗試著馴服狂暴的烈焰，隨著自然選擇和基因突變的雙重作用，他們後代的腦容量越來越大，直到直立人的出現。

根據古生物學的研究，名為「直立人」的物種，和現代人類個頭相當，其腦容量也和我們相差無幾，他們製作的石質工具比能人更加精細複雜。

隨後，這個物種的部分成員離開非洲，歷經多代繁衍與遷徙，最遠的到達了今天的中國境內，終於我們人類（即智人）出現在約 25 萬年前的東非，開啟了獨屬智人的智慧進化。

20萬年前，現代智人的大腦出現了飛躍性的發展，對直接生存意義不大的聯絡皮層（尤其是額葉）出現了劇烈的暴漲，隨之帶來的就是高昂的能耗，人腦只占體重約2%，但能耗卻占了20%，付出這些代價換來的結果，使得大腦第一次有了如此之多的神經元，來對各種資訊進行深度的抽象加工和整理儲存。自此，人類的智慧進化開啟了透過文化因素傳承智慧、適應環境的全新道路，從此擺脫了自然進化的桎梏，人類也從偏安東非一隅的裸猿成為了擴散到全世界的超級生態入侵物種。

人類智慧的第一個發端：對物質型態的轉化

遠古時期，人類對物質的轉化是極其簡單的。首先，從低級而又單一的物質幾何形狀的轉化開始，例如：把石塊打磨成尖銳或者厚鈍的石製手斧，猿人用它襲擊野獸、削尖木棒，或挖掘植物塊根，把它當成一種萬能的工具使用。

中石器時代，石器發展成鑲嵌工具，即在石斧上裝上木製或骨製的手柄，從而使「單一的物質型態的轉化」發展到「兩種不同質性的物質複合型態的轉化」。在此基礎上，又發展出石刀、石矛、石鏈等複合化工具，直到發明了弓箭。新石器時代，人類學會了在石器上鑿孔，發明了石鐮、石鏟、石鋤，以及加工糧食的石臼、石柞等。對低級而單一的物質型態的轉化，即使物質形狀在人的有目的的活動中，依照人的需要在轉化著，同時這種勞動又在鍛鍊和改變著人腦，使人腦向智慧實體邁進了第一步。

人類智慧的第二個發端：對能量的轉化

原始人類對火及自身的關係的認識，就是一個明顯的例證。從對雷電引起的森林或草原的野火恐懼，到學會用火來燒烤獵物以熟食，再到用火來禦寒、照明、驅趕野獸，人工取火方法的掌握，代表著「火」作為一種自然力

真正被人們所利用。當「火」這種自然力開始為人所用時，也進一步促進人體和大腦的發育，正如恩格斯所指出的「摩擦生火第一次使人支配了一種自然力，從而最終把人同動物界分開」。

對火的利用，又令原始人類學會了燒製陶器，製陶技術使古代材料技術與材料加工技術得到了重大發展。它第一次使人類對材料的加工超出了僅僅改變材料幾何形狀的範圍，開始改變著材料的物理、化學屬性，而製陶技術的發展又為以後冶金技術的產生奠定了基礎。

人類智慧的第三個發端：對資訊的轉化

人們對物質型態和能量的轉化過程中，所創造的石斧、取火器具、陶器等物質成果和物質手段上，本身就內化著人與自然、人與人之間的關係和資訊，它既是人們物質活動的手段，又是人們精神活動的手段；既是一種物質實體，又是一種資訊的載體，因此人們在從事物質型態和能量轉化的同時，也必然要伴隨著資訊的轉化。

對資訊的轉化，使人類創造了語言，使人們在從事物質轉化的過程中，把共同的需要和共同的感受，以及內化在勞動過程和勞動成果中的人與人、人與自然的相互關係和資訊，彼此進行不斷地傳授，以形成了某種共識，並以某種特定的音節表示不同的共識內容。

語言的出現，使人類具備了從具體客觀事物中總結、提取抽象化一般性概念的能力，並能透過語言將其進行精確的描述、交流、甚至學習。事實上，語言的產生是古人類進化的必然結果，它與大腦功能和人體其他功能的發展是密不可分的。

人類獨具的大腦皮層的左側額葉的前底部—Broca 區控制語言產生的功能，後面的 Wernicke 區主管語言的接收功能，右側該區透過胼胝體（Corpus callosum）接收左側區域訊號，以進行綜合完成更高級（如欣賞音樂、藝術和方向定位）的功能。胼胝體大約有 2 億條神經纖維通過，對左右兩半球的資訊傳播有極為重要的作用。正如小島秀夫摯友、著名科幻作家伊藤計畫在《殺戮器官》中所言，語言的本質就是大腦中的一個器官，但就是因為這個腦結構的出現，人類的發展速度立刻呈現了爆發性成長。

之後，建立在語言基礎上的「想像共同體」出現了，人類的社會行為隨之超越了靈長類本能的部落層面，一路向著更龐大、更複雜的趨勢發展。隨著文字的發明，最早的文明與城邦終於誕生在西亞的兩河流域。

3.1.2　從人類智慧到人工智慧

物質形態、能量和資訊的轉換和發端，既構成了人類智慧的起源，又開創了人類智慧活動對物質轉化的整體雛形。

自從認知革命、農業革命和工業革命以來，幾千年來人類的全部活動表明，人類認識自然、改造自然的對象無非是三類最基本的東西，即「物質」、「能量」、「資訊」。迄今，人類掌握的主要技術都同改造這三類東西有關，都是在材料技術、能源技術、資訊技術的基礎上發展起來的。

隨著這三個基本領域技術的不斷發展，人類智慧活動對物質的轉化方式及轉化成果，也不斷從對單一要素的轉化向複合要素的轉化。蒸汽機的製造和使用，是人類智慧對物質和能量兩大要素的複合轉化；電子電腦的製造和使用，是對物質、能量和資訊三大要素的綜合轉化；而今天人們對人工智慧的研究，則可以被理解為是人類將物質、能量、資訊及人類智慧四者合一的轉化。

1950 年，艾倫・圖靈發表論文《電腦器與智慧》（Computing Machinery and Intelligence），提出了機器能否思考的問題，為人工智慧的誕生埋下了

伏筆。1956 年，達特茅斯會議的召開，代表著人工智慧作為一個全新概念的誕生，這一年也因此成為人工智慧元年，世界由此變化。透過神經元理論的啟發，人工神經網路作為一種重要的人工智慧演算法被提出，並在之後的幾十年內被不斷完善。和人腦的天然神經網路類似，人工神經網路也將虛擬的神經元作為基本的運算單位，並將其如大腦皮層中的神經元一樣，進行了功能上的分層。

1961 年，世界第一款工業機器人 Unimate 在美國紐澤西州的通用電氣工廠上崗試用。1966 年，第一台能移動的機器人 Shakey 問世，同年誕生的還有伊莉莎，伊莉莎（Eliza）可以算是亞馬遜語音助理 Alexa、Google 助理和 Apple 語音助理 Siri 們的祖母，她沒有人形、沒有聲音，就是一個簡單的機器人程式，透過人工編寫的 DOCTOR 腳本，來跟人類進行類似心理諮詢的交談。

在經過無數的反覆和波折後，21 世紀的人工智慧進入了一個嶄新的階段，新一代神經網路演算法在學習任務中表現出了驚人的性能，促使人工智慧技術進一步走向實用化，人工智慧相關的各個領域都取得長足進步。人工智慧的許多能力更是已經超越人類，例如：①圍棋、德州撲克；②證明數學定理；③學習從巨量資料中自動建構知識；④識別語音、面孔、指紋，駕駛汽車；⑤處理巨量的檔案、物流和製造業的自動化操作等，人工智慧的應用也因此遍地開花，進入人類生活的各個領域。

過去十年中，人工智慧開始寫新聞、搶獨家，經過巨量資料訓練而學會了識別貓，IBM 超級電腦華生（Watson）戰勝了智力競賽兩任冠軍，Google AlphaGo 戰勝了圍棋世界冠軍，波士頓動力的機器人 Atlas 學會了三級障礙跳。在 2020 年的疫情期間，人工智慧更是落實助力醫療，智慧型機器人充當醫護小助手，智慧測溫系統精準識別發熱者，無人機代替民警巡查喊話，以及人工智慧輔助 CT 影像診斷等。

不過，在這個時期中，人工智慧的智慧化並不具備自主性，沒有很強的思考能力，更多的還是需要人工預先去完成一些視覺識別功能的程式設計，再讓人工智慧去完成對應的工作。直到 2022 年，ChatGPT 的問世進一步推動了人工智慧的爆發式成長，把人類真正推進了人工智慧時代。基於龐大的資料集，ChatGPT 得以擁有更好的語言理解能力，這意謂著它可以更像一個通用的任務助理，能夠和不同行業結合，衍生出很多應用的場景。

ChatGPT 為通用 AI 打開了一扇大門，而我們正在步入這個前所未有的人工智慧世界。ChatGPT 之所以能夠再次引爆人工智慧技術熱潮，核心就在於 ChatGPT 讓我們看到了矽基擁有碳基智慧的可能性，這也就意謂著矽基能夠以碳基的方式來表達世界。

可以說，人類智慧這種無止境的延伸，一方面在改變著、轉化著整個自然界；另一方面也創造了一種新的智慧形式，那就是「機器智慧」。

3.1.3 智慧的本質是什麼？

從人類智慧到人工智慧，智慧的本質是什麼呢？根本上來看，人類智慧主要與人腦巨大的聯絡皮層有關，這些並不直接關係到感覺和運動的大腦皮層，在一般的動物腦中面積相對較小，但在人類的大腦裡，巨量的聯絡皮層神經元成為了搭建人類靈魂棲所的磚石。語言、陳述性記憶、工作記憶等人腦遠勝於其他動物的能力，都與聯絡皮層有著極其密切的關係，而我們的大腦終生都縮在顱腔之中，僅能感知外部傳來的電訊號和化學訊號。

也就是說，智慧的本質就是這樣一套透過有限的輸入訊號，來歸納、學習且重建外部世界特徵的複雜演算法。從這個角度上看，作為抽象概念的「智慧」，確實已經很接近笛卡兒所謂的「精神」了，只不過它依然需要將自己銘刻在具體的物質載體上，可以是大腦皮層，也可以是積體電路。

這意謂著人工智慧作為一種智慧，理論上遲早可以運行名為「自我意識」的演算法，雖然有觀點認為人工智慧永遠無法超越人腦，因為人類自己都不知道人腦是如何運作的，但事實是迭代人工智慧演算法的速度要遠遠快於DNA 透過自然選擇迭代其演算法的速度，因此人工智慧想要在智慧上超越人類，根本不需要理解人腦是如何運作的。

包含 AlphaGo 在內的人工智慧已經證明，對確定目標的問題，機器一定會超越人類。而現今 GPT、Sora 的出現，也讓我們一次又一次地感受到人工智慧的力量，它們不同於過去任何一個人工智慧產品，在大多數任務上，GPT的表現都不輸於人類，甚至超越人類，這也向人們展示了一個道理，不只有人類才是智慧的黃金標竿，未來基於 GPT 和 Sora 的後代們，或將在更多任務上擊敗人類，但在很多任務上，人類會比機器更擅長。

可以看到，「人類智慧」和「人工智慧」是現今世界上同時存在的兩套智慧，人類智慧不再是世界的唯一智慧，並且相較於基本元件運算速度緩慢、結構編碼存在大量不可修改原始本能、後天自塑能力有限的人類智慧來說，人工智慧雖然尚處於蹣跚學步的發展初期，但未來的發展潛力卻遠遠大於人類。

相較於人類智慧，人工智慧的優勢特別體現在三個方面：

儲存

人會遺忘，但人工智慧只要有資訊的輸入，就會儲存下來。

能力

尤其是在計算能力方面，人工智慧的速度要遠遠超過人類，這意謂著在科學研究、工程設計、金融分析等領域，人工智慧可透過高效的演算法和強大的計算能力來迅速完成複雜的任務。例如：在天氣預測中，人工智慧可以分

析大量的氣象資料，準確預測未來的天氣狀況，而人類則需要更長的時間和更多的計算資源。

人工智慧的時間效率

這裡的效率有兩個方面的理解：

學習效率

相較於人類需要娛樂、社交、睡覺等，人工智慧卻可以 24 小時不眠不休的學習和進化，昨天還是嬰兒，明天就是成人，後天就是最強大腦。

解決問題的效率

人工智慧可以全天候處理問題和工作，未來人工智慧會比人類更熟練地使用各類工具，可能你一輩子才精通的操作精密機床的手藝，人工智慧一個晚上就學會了，當然這並不意謂著人工智慧會比人類創造者更聰明、更快、更好，現實是人工智慧和人類可能會一直擅長不同的事情，而且一些難以解決的社會問題，有可能透過人類與機器人的合作來得到更好的解決。

例如：相較於人工智慧，人類在創造力和情感理解方面具有獨特的優勢。儘管人工智慧可以透過學習大量資料來生成新的內容，但其創造力仍然受限於程式和演算法，人類的創造性思維涉及到情感、直覺和靈感，這是目前人工智慧所難以模擬的。此外，人工智慧在社交和人際關係方面，難以與人類相提並論，人的情感理解和溝通技能是複雜而多層次的，牽涉到語言、臉部表情、身體語言等多個方面，儘管人工智慧可以模擬一些方面，但真正理解和適應不同個體的情感狀態，仍然是一個巨大的挑戰，因此在醫療護理、心理輔導等領域，人類的人際關係技能和情感支持仍是不可替代的。

展望未來，更可能出現的情況或許是我們人類尋求人類與人工智慧的良性共生，而並非糾結於人類智慧與人工智慧孰強孰弱。而人們對於人工智慧的期待和看法，也將從完成特定任務的機器轉向真正的智慧夥伴，但在可以預期正在到來的趨勢，未來是屬於能夠與機器智慧良好協作的人，如何更好、更快地呼叫機器智慧，將成為接下來這個時代的人類最核心的競爭力，就如同現今使用各種數位化軟體來協助我們完成工作一樣。

3.2　從狹義 AI 到通用 AI

由於「人工智慧」（AI）是一個廣泛的概念，因此會有許多不同種類或形式的 AI。而基於能力的不同，人工智慧大致可以分為三類，分別是「狹義人工智慧」（ANI）、「通用人工智慧」（AGI）和「超級人工智慧」（ASI）。

3.2.1　狹義 AI、通用 AI 和超級 AI

狹義人工智慧（ANI）

到目前為止，我們所接觸的人工智慧產品大都還是 ANI。簡單來說，ANI 就是一種被程式設計來執行單一任務的人工智慧，無論是檢查天氣、下棋，還是分析原始資料以撰寫新聞報導。

ANI 也就是所謂的「弱人工智慧」。值得一提的是，雖然有的人工智慧能夠在國際象棋中擊敗世界象棋冠軍，例如：AlphaGo，但這是它唯一能做的事情，要求 AlphaGo 找出在硬碟上儲存資料的更好方法，它就會茫然地看著你。

我們的手機就是一個小型 ANI 工廠，當我們使用地圖應用程式導航、查看天氣、與 Siri 交談、進行許多其他日常活動時，我們都是在使用 ANI。

我們常用的電子郵件的垃圾郵件篩檢程式，也是一種經典類型的 ANI，它擁有載入關於如何判斷什麼是垃圾郵件、什麼不是垃圾郵件的智慧，然後可以隨著我們的特定偏好獲得經驗，幫助我們篩選掉垃圾郵件。

網購背後也有 ANI 的工作，例如：當你在電商網站上搜尋產品，然後卻在另一個網站上看到它是「為你推薦」的產品時，你會覺得毛骨悚然，但這背後其實就是一個 ANI 系統網路，它們共同工作，相互告知你是誰、你喜歡什麼，然後使用這些資訊來決定向你展示什麼。一些電商平台常常在主頁顯示「買了這個的人也買了…」，這也是一個 ANI 系統，它從數百萬顧客的行為中收集資訊，並綜合這些資訊來巧妙地向你推銷，這樣你就會買更多的東西。

📽 通用人工智慧（AGI）

ANI 就像是電腦發展的初期，人們最早設計電子電腦是為了代替人類計算完成特定的任務，不過艾倫·圖靈等數學家則認為，我們應該製造通用電腦，我們可以對其程式設計，從而完成所有的任務，於是在曾經的一段過渡時期，人們製造了各式各樣的電腦，包括為特定任務設計的電腦、模擬電腦、只能透過改變線路來改變用途的電腦，還有一些使用十進位而非二進位工作的電腦。現在，幾乎所有的電腦都滿足圖靈想像的通用形式，我們稱其為「通用圖靈機」，只要使用正確的軟體，現在的電腦幾乎可以執行任何的任務。

市場的力量決定了通用電腦才是正確的發展方向，如今即使使用定制化的解決方案，例如：專用晶片，可以更快、更節能地完成特定任務，但更多時候，人們還是更喜歡使用低成本、便捷的通用電腦，這也是現今人工智慧即

將出現類似的轉變，人們希望 AGI 能夠出現，它們與人類更類似，能夠對幾乎所有的東西進行學習，並且可以執行多項任務。

與 ANI 只能執行單一任務不同，AGI 是指在不特別編碼知識與應用區域的情況下，應對多種、甚至泛化問題的人工智慧技術。雖然從直覺上看，ANI 與 AGI 是同一類東西，只是一種不太成熟和複雜的實現，但事實並非如此，AGI 將擁有在事務中推理、計畫、解決問題、抽象思考、理解複雜思想、快速學習和從經驗中學習的能力，能夠像人類一樣輕鬆地完成所有這些事情。

當然，AGI 並非全知全能，與任何的其他智慧存在一樣，根據它所要解決的問題，它需要學習不同的知識內容。例如：負責尋找致癌基因的 AI 演算法不需要識別臉部的能力；而當同一個演算法被要求在一大群人中找出十幾張臉時，它則不需要瞭解有關基因的知識。通用人工智慧的實現，僅僅意謂著單個演算法可以做多件事情，而並不意謂著它可以同時做所有的事情。

超級人工智慧（ASI）

但 AGI 又與 ASI 不同，ASI 不僅要具備人類的某些能力，還要有知覺、自我意識，可以獨立思考並解決問題。雖然兩個概念看起來都對應著人工智慧解決問題的能力，但 AGI 更像是無所不能的電腦，而 ASI 則超越了技術的屬性，成為類似穿著鋼鐵人戰甲的人類。牛津大學哲學家和領先的人工智慧思想家 Nick Bostrom 就將 ASI 定義為「一種幾乎在所有領域都比最優秀的人類更聰明的智慧」，包括科學創造力、一般智慧和社交技能。

3.2.2　如何實現通用 AI

實現通用人工智慧（AGI），是人類技術發展的一項重大挑戰，自人工智慧誕生以來，科學家們就在努力實現通用 AI。

實現通用 AI，具體可以分為兩條路徑：

📽 路徑①：讓電腦在某些具體任務上超過人類

「讓電腦在某些具體任務上超過人類」這種方法的核心，就是透過訓練和優化演算法，使人工智慧在特定領域達到、甚至超越人類的水準，也就是「先專後通」。例如：在圍棋領域，AlphaGo 等人工智慧系統已經表現出比世界頂尖的圍棋選手更高的水準；在醫學領域，一些人工智慧系統也展示出在檢測癌症或其他疾病方面的潛力。

而如果能夠讓電腦在執行一些困難任務時的表現超過人類，那麼人們最終就有可能讓人工智慧在所有任務中都比人類強，透過這種方式來實現 AGI，人工智慧系統的工作原理以及電腦是否靈活就無關緊要了。唯一重要的是，這樣的人工智慧在執行特定任務時達到最強，並最終超越人類，如果最強的電腦圍棋棋手在世界上僅僅位列第二名，那麼它也不會登上媒體頭條，甚至可能會被視為失敗。但是擊敗世界上頂尖的人類棋手，就會被視為一個重要的進步。

📽 路徑②：關注人工智慧的靈活性和泛化能力

「關注人工智慧的靈活性和泛化能力」的核心，是讓人工智慧系統具備處理各種任務和情境的能力，並能夠將一個任務中學到的知識應用到另一個任務中，我們也可以理解為「先通再專」，這種方法強調的是人工智慧系統的通用性和適應能力，而不是侷限於特定領域或任務。透過這種方式，人工智慧就不必具備比人類更強的效能，人工智慧系統也可以更好地應對複雜多變的環境和任務，從而更接近實現通用人工智慧的目標。

在 ChatGPT 誕生之前，通用人工智慧研究的主陣地都是第一條路徑，即研發專用 AI 或者功能性 AI，其主旨就在於讓機器具備勝任特定場景與任務的

能力。傳統觀念認為，若干專用智慧堆積在一起，才能接近通用智慧；或者說，如果專業智慧都不能實現，則更不可能實現通用智慧，可以說「先專再通」是傳統通用人工智慧發展的基本共識，但是以 ChatGPT 為代表的大規模生成式語言模型，卻顛覆了這一傳統認識。從大語言模型的研發來看，要煉成通用的大語言模型，一般需要廣泛而多樣的訓練語料，並且訓練語料越是廣泛而多樣，通用大模型的能力則越強。

不過，這樣的通用大模型在完成任務時，效果可能仍然差強人意，因此大模型經過訓練後，一般還要經過領域資料微調與任務指令學習，使其理解領域文字，並勝任特定任務，可見大模型的智慧是先通用、再專業。其中，「通用智慧階段」側重於進行通識學習，學會包含語言理解與推理能力及廣泛的通用知識；「專業智慧階段」則讓大模型理解各種任務指令，勝任各類具體任務。

不難發現，相較於「先專後通」的通用人工智慧發展路徑，大模型的智慧演進路徑與我們人類的學習過程更加相似，人類的基礎教育聚焦通識學習，而高等教育側重專識學習。而大模型的成功，也為通用人工智慧發展帶來新的啟示。

3.3 Sora 離通用 AI 還有多遠

相較於過去任何一項在人工智慧（AI）領域的技術突破，2022 年末誕生的 ChatGPT 最大的不同就在於，它是人類真正期待的那種人工智慧的樣子，就是具備類人溝通能力，並且藉由於大數據的資訊整合成為人類強大的助手。

可以說，ChatGPT 是一個新的起點，它為通用人工智慧（AGI）打開了一扇大門，而自 ChatGPT 之後誕生的 GPT-4、Sora，則延續了 ChatGPT 的技術路徑，推動人類向 AGI 時代更進一步。

3.3.1　超越人類只是時間問題

從人工智慧技術角度來看，人工智慧最大的特點就在於，它不僅僅是網際網路領域的一次變革，也不屬於某一特定行業的顛覆性技術，而是作為一項通用技術，成為支撐整個產業結構和經濟生態變遷的重要工具之一，它的能量可以投射在幾乎所有行業領域中，促進其產業形式轉換，為全球經濟成長和發展提供新的動能。自古及今，從來沒有哪項技術能夠像人工智慧一樣，引發人類無限的暢想。

由於人工智慧不是一項單一技術，其涵蓋面極其廣泛，而「智慧」二字所代表的意義，又幾乎可以代替所有的人類活動，即使是僅僅停留在人工層面的智慧技術，人工智慧可以做的事情也大大超過人們的想像。

在 ChatGPT 爆發之前，人工智慧就已經覆蓋了我們生活的各個方面：①從垃圾郵件篩檢程式到叫車軟體；②日常打開的新聞是人工智慧做出的演算法推薦；③網路購物的首頁上顯示的是人工智慧推薦使用者最有可能感興趣、最有可能購買的商品；⑤操作越來越簡化的自動駕駛交通工具；⑥日常生活中的臉部識別上下班打卡制度等，有的我們深有所感，有的則悄無聲息地浸潤在社會運轉的瑣碎日常中。

而 ChatGPT 的到來與爆發，卻將人工智慧推向了一個真正的應用快車道上。雖然這幾年 AI 已經有了許多突破和進步，但狹義 AI 產品依然有許多侷限性及不智慧之處，例如：智慧客服基本就是智障客服，遇到問題，除了道

歉就是道歉，根本無法愉快地聊天，但 ChatGPT 卻具備了類人的邏輯能力，基於 ChatGPT 的客服，不僅能針對性地解決問題，還可以給出合適的建議。

更何況，許多重複性的語言文字工作，其實根本不需要複雜的邏輯思考或頂層決策判斷，例如：①接聽電話或處理郵件；②幫助客戶訂旅館、訂餐的語言文字工作；③根據固定格式，把資料、資訊填入合約、財報、市場分析報告、事實性新聞報導內的工作；④在現有文字材料裡，列出大綱、梳理要點的工作；⑤將會議的即時文字紀錄做成會議簡報；⑥撰寫一些流程性、程式化文章的工作等，都是基於 ChatGPT 或其他大模型的產品可以應用的場景。

ChatGPT 甚至還具有一定的創造性，隨著 ChatGPT 的更新換代，現在需要創作廣告文案或商業展示的市場工作、需要發散性地探索不同故事路線的電影編劇工作、需要豐富視覺感受的遊戲場景設計工作，也已經有了 ChatGPT 的身影。

李開復曾經提過一個觀點：「思考不超過 5 秒的工作，在未來一定會被人工智慧取代」，事實也確實如此，在某些領域上，ChatGPT 和 GPT-4 已經遠遠超過「思考 5 秒」這個標準了，並且隨著它的持續進化，加上它強大的機器學習能力，以及和我們人類互動過程中的快速學習與進化，在我們人類社會中所有有規律與有規則的工作領域中，它取代與超越我們人類，只是時間的問題。

3.3.2　ChatGPT 的通用性

之所以說 ChatGPT 打開了通用 AI 的大門，正是因為 ChatGPT 具備了前所未有的靈活性。雖然 ChatGPT 的定位是一款聊天機器人，但不同於過去那些智慧語音助理的傻瓜回答，除了聊天之外，ChatGPT 還可以用來創作故事、撰寫新聞、回答客觀問題、聊天、寫程式碼和尋找程式碼問題等。

事實上，按照是否能夠執行多項任務的標準來看，ChatGPT 已經具備了通用 AI 的特性，ChatGPT 被訓練來回答各種類型的問題，並且能夠適用於多種應用場景，可以同時完成多個任務。我們只要用日常的自然語言向它提問，不管是什麼問題和要求，它就可以完成從理解到生成的各種和語言相關的任務。

除了一般的聊天交談、回答問題、介紹知識之外，ChatGPT 還能夠撰寫郵件、文案、影片腳本、文章摘要、程式碼和進行翻譯等，並且其效能在開放領域已經達到了不輸於人類的水準，在很多任務上甚至超過了針對特定任務單獨設計的模型，這意謂著它可以更像一個通用的任務助理，能夠和不同行業結合，衍生出很多的應用場景。這讓我們看到，ChatGPT 已經不是傳統意義上的聊天機器人，而是呈現出以自然語言為對話模式的通用 AI 的雛形，是走向通用 AI 的第一塊可靠的基石。

不僅如此，OpenAI 還開放了 ChatGPT API 和微調功能，這讓「人人都可以使用通用 AI 模型」成為了現實。要知道，在過去開發一個 AI 系統，需要龐大的團隊和大量的資源，包括資料、運算能力和專業知識等，但是有了 ChatGPT API 和 ChatGPT 微調功能的開放，人們可以直接使用 OpenAI 提供的服務，來建構自己的 AI 應用程式，而無須從零開始搭建模型和基礎設施，這降低了開發門檻，使得更多的人可以參與到 AI 應用的開發中來。人們只要透過 API 介面，就可以輕鬆地獲得 GPT 的能力，並應用於各種任務和場景中，包括問答系統、對話生成、文字生成等，這使得通用人工智慧不再是遙不可及的概念，而是每個人都可以使用的工具。

ChatGPT API 為 AI 的發展建構了一個完善的底層應用系統，這就類似於電腦的作業系統一樣，電腦的作業系統是電腦的核心部分，在資源管理、行程管理、檔案管理等方面都發揮了非常重要的作用。在資源管理上，作業系統負責管理電腦的硬體資源，如記憶體、處理器、磁片等，它分配和管理這些

資源，使得多個程式可以共用資源並高效地運行；在行程管理上，作業系統管理電腦上運行的程式，控制它們的執行順序和分配資源，它還維護程式之間的通訊以及處理程式間的併發問題；在檔案管理上，作業系統則提供了一組標準的檔案系統，可以方便使用者管理和儲存檔案。

Windows 作業系統和 iOS 作業系統是目前兩種主流的行動作業系統，而 ChatGPT API 的誕生，也為 AI 應用提供了技術的基礎架構。雖然 ChatGPT 是一個語言模型，但與人對話只是 ChatGPT 的表皮，ChatGPT 的真正作用是我們能夠基於 ChatGPT 這個開源的系統平台上，開放 API 來做一些二次應用。

也就是說，開發者們可以在這個技術平台上，建構符合自己要求的各種應用系統，使之成為更加稱職的辦公助手、智慧客服、外語譯員、家庭醫師、文案寫手、程式設計顧問、不動產管理顧問、私人律師、面試考官、旅遊嚮導、創意作家、金融 / 財務分析師等，這也為通用人工智慧的誕生以及由此對相關產業格局的重塑、新的服務模式和商業價值的創造，開拓了無限的想像空間。

3.3.3　向通用 AI 時代更進一步

如果說 ChatGPT 是通用 AI 發展的一個新起點，那麼在 ChatGPT 之後相繼誕生的更強大的 GPT-4 和具有極強的多模態能力的 Sora，則讓人類向通用 AI 時代更進一步。

我們已經知道 ChatGPT 和過去的 AI 最大的不同，就在於 ChatGPT 已經具備了類人的語言能力、學習能力和通用 AI 的特性，尤其是當 ChatGPT 開放給大眾使用時，數以億計的人湧入與 ChatGPT 進行互動中，ChatGPT 將獲得龐大又寶貴的資料，於是 ChatGPT 憑藉著比人類更為強大的學習能力，其學習與進化速度正在超越我們的想像。基於此，開放 API 給專業領域的組織合

作，以 ChatGPT 的學習能力，再結合參數與模型的優化，將很快在一些專業領域成為專家級水準。

就像我們人類的思考和學習一樣，例如：我們能夠透過閱讀一本書來產生新穎的想法和見解，人類發展到現今，已經從世界上吸收了大量的資料，這些資料以不可估量、無數的方式改變了我們大腦中的神經連接。人工智慧研究的大型語言模型也能夠做類似的事情，並有效地引導它們自己的智慧。

🎬 GPT-4：具有更強大的學習能力和適應性

對於 GPT-4 來說，作為 ChatGPT 的升級版本，當更強大的 GPT-4、甚至 GPT-4 的再下一代的推出，再結合 OpenAI 將其技術打造成通用的底層 AI 技術來開放給各行各業使用之後，GPT-4 就能快速掌握人類各個專業領域的專業知識，並進一步加速人工智慧在各個領域的應用和發展。

由於 GPT-4 具備更強大的學習能力和適應性，GPT-4 能夠更快地掌握各種專業知識，並為不同行業提供更加個性化和專業化的服務，例如：

醫療領域

GPT-4 的應用將為醫生提供更為個性化和專業化的服務。由於其能夠更快地掌握各種專業知識，GPT-4 可以幫助醫生進行診斷和治療方案制定。透過分析患者的病歷資料和臨床資料，GPT-4 可以輔助醫生做出更準確的診斷，並根據患者的特殊情況提供個性化的治療建議，這將大幅提高醫療服務的品質和效率，為患者提供更好的醫療保障。

金融領域

GPT-4 的應用也將為投資者提供更為準確和可靠的投資建議。透過分析市場資料和經濟趨勢，GPT-4 可以預測股市的走勢，並為投資者提供投資組

合的優化建議。此外，GPT-4 還可以幫助金融機構進行風險管理和資產配置，提高資金利用效率，降低投資風險，像是金融公司摩根士丹利已經使用GPT-4 來管理、搜尋和組織其龐大的內容庫。

🎬 Sora：具有極強的多模態能力

Sora 則是在 GPT-4 的基礎上多了一項視覺理解能力。在 Sora 之前出現的AI 影片生成工具（如 Runway 和 Pika），我們多少可以明顯看出其生成的諸多問題，例如：威爾·史密斯吃麵條的影片，史密斯的形象整體上是明顯扭曲。而這些問題歸根究柢是在於，其影片所生成的內容違背了現實世界的物理規律或人類社會的文化習俗，但 Sora 卻史無前例地擁有了理解世界規律的能力，並且能夠在更大的時空範圍內解決這一問題，時長長度從 AI 影片生成的幾秒鐘時間拉長到了 1 分鐘。

要知道，即使是幾秒鐘的影片，其表達的訊息量也是十分巨大的，例如：「一個時尚的女子行走在東京街頭」，單單一句話所包含的資訊就有人類這個物種的生物特徵、人類文化的基本形態、人類行走的姿態、地球的重力狀態以及人與世界的複雜關係等。可以說，在一個 1 分鐘影片所展示的世界中，其物理環境和人文環境之複雜度是驚人的，但 Sora 卻能夠做到逼真的模擬，幾乎完全吻合物理規律、文化習俗、生活常識，以及各種物件與要素之間的空間關係、時序關係也是合情合理；即使在一些想像的場景中，Sora 所生成的想像影片也是合乎人類的想像邏輯，而非是隨機亂象。

而這些對 Sora 輕而易舉、只需要一個指令就能完成的任務，換作是傳統電腦模仿，則需要藉由複雜的數學模型才能實現，甚至每一類物理現象有著複雜的數學模型，例如：煙花爆炸、火焰噴發、海浪波動、動物行走等。

Sora 這種驚人的建模能力，其實就是人工智慧對世界的理解能力，這種理解能力甚至遠遠超過人類對世界的認知能力。數千年來，人類一直採取各種方式認知這個複雜的現實世界，神話、宗教、科學都是人類認知世界的方式，但不管是哪一種認知方式，都是對世界本源的一種簡化理解。日常生活中，人們傾向於使用語言表達對於世界的體驗；科學研究中，科學家傾向於用公式表達對世界的認知，但符號公式一定程度上都是對非線性的複雜世界的一種簡化還原，絕大部分經典理論都是在各種假設與前提下才能建立，這些假設與前提都是人類認知複雜世界所作出的妥協。

如果將機器的建模能力認定是一種對世界的認知能力，那麼我們可能不得不承認，人類的認知能力相對於機器認知能力而言，存在著明顯的缺陷。人類的認知總體而言是線性的、有限的、簡單的，但人工智慧卻可以在數以百萬計、千萬計的決策變數下進行決策，特別是 Sora 的出現，更是讓我們看到機器感知維度的多元化的可能。

從 ChatGPT 到 Sora，現在人類正向著通用 AI 時代大步邁進，特別是 Sora 的發布，更是通用 AI 的一個重要節點，代表著我們邁向更廣闊、更智慧的未來的關鍵一步。

3.4　奇異點隱現，未來已來

在數學中，「奇異點」（singularity）被用於描述正常的規則不再適用的類似漸近線的情況；在物理學中，奇異點則被用來描述一種現象，例如：一個無限小、緻密的黑洞，或者我們在大爆炸之前都被擠壓到的那個臨界點，同樣是通常的規則不再適用的情況。

1993 年，弗諾·文格（Vernor Vinge）寫了一篇著名的文章，他將這個詞用於未來的智慧技術超過我們自己的那一刻，對他來說，在那一刻之後，我們所有的生活將被永遠改變，正常規則將不再適用。如今，隨著 ChatGPT 的爆發、GPT-4、Sora 等 AI 大模型的相繼誕生，我們似乎已經站在了技術奇異點的前夕。

現在我們每個人都能感受到，人類的進步正在隨著時間的推移越來越快，這就是未來學家雷·庫茲韋爾（Ray Kurzweil）所說的人類歷史的「加速回報法則」（Law of Accelerating Returns）。

發生這種情況的原因是，更先進的社會有能力比開發中的社會更快進步，因為它們更先進。19 世紀的人類會比 15 世紀的人類知道得更多，技術也更好，因此 19 世紀的人類也比 15 世紀取得的進步要大得多。

1985 年上映了一部電影《回到未來》，在這部電影中，過去是發生在 1955 年；當 1985 年的馬蒂（米高·福克斯飾）回到三十年前，也就是 1955 年時，電視的新奇、蘇打水的價格、刺耳的電吉他等都讓他措手不及，那是一個不同的世界。如果這部電影是在現今拍攝，過去是發生在 1993 年，那麼這部電影或許會更有趣，我們任何一個人穿越到行動網際網路或 AI 普及之前的時代，都會比《回到未來》的馬蒂更加不適應，也更與 1993 年的時代格格不入，這是因為 1993 年至 2023 年的平均進步速度，要遠遠高於 1955 年至 1985 年的進步速度，最近三十年發生的變化比之前三十年要快得多、多得多。

雷·庫茲韋爾認為：「在前幾萬年，科技成長的速度緩慢到一代人看不到明顯的結果；在最近一百年，一個人一生內至少可以看到一次科技的巨大進步；而從 21 世紀開始，大概每三至五年就會發生與此前人類有史以來科技進步的成果類似的變化。」總而言之，由於加速回報定律，庫茲韋爾認為 21 世紀將取得 20 世紀 1,000 倍的進步。

事實的確如此，科技進步的速度甚至已經超出個人的理解能力極限。2016年 9 月，AlphaGo 打敗歐洲圍棋冠軍之後，包括李開復在內的多位產業學者專家都認為 AlphaGo 要進一步打敗世界冠軍李世石希望不大，但後來的結果是僅僅六個月後，AlphaGo 就輕易打敗了李世石，並且在輸了一場之後再無敗績，這種進化速度讓人瞠目結舌。

現在 AlphaGo 的進化速度正在大模型的身上再次上演，OpenAI 在 2020年 6 月發布了 GPT-3，並在 2022 年 3 月推出了更新版本，內部稱之為「davinci-002」。然後是廣為人知的 GPT-3.5，也就是「davinci-003」，伴隨著 ChatGPT 在 2022 年 11 月的發布，緊隨其後的是 2023 年 3 月 GPT-4 的發布。2024 年 2 月，OpenAI 又重磅發布了 Sora，而按照 Sam Altman 的計畫，GPT-5 也將在 2024 年正式推出。

從 GPT-1 到 GPT-3，從 ChatGPT 到 GPT-4，再到 Sora，每一次的發布都帶給我們全新的震撼，在這個過程中，人類社會討論多年的人工智慧，也終於從人工智障向想像中的人工智慧模樣發展了。

奇異點隱現，而未來已來。正如網際網路最著名的預言家、有「矽谷精神之父」之稱的凱文·凱利（Kevin Kelly）所說的那樣：「從第一個聊天機器人（ELIZA，1964）到真正有效的聊天機器人（ChatGPT，2022）只用了五十八年，所以不要認為距離近，視野就一定清晰，同時也不要認為距離遠，就一定不可能」。

Sora 爆發，顛覆了誰？

4.1 影視製作，一夜變天

作為一種先進的文字生成影片模型，Sora 的誕生，在影視製作產業掀起了巨大風暴。透過 Sora 生成的影片，不僅支援 60 秒一鏡到底，還能看到主角、背景人物，都展現了極強的一致性，同時包含了高細緻背景、多角度鏡頭，以及富有情感的多個角色。一夜之間，幾乎所有從事影視製作產業的從業者們，不管是導演、編劇還是剪輯師們，都感受到了來自 Sora 的巨大衝擊。

那麼，橫空出世的 Sora 將給影視製作產業帶來怎樣的變化呢？影視產業是新一輪裁員潮將至，還是迎來「人人都是導演」的新時代？

4.1.1 Sora 並非第一輪衝擊

雖然 Sora 誕生後，很多討論都圍繞著「Sora 會顛覆影視產業」展開，但其實 Sora 並不是第一個被認為會顛覆影視產業的生成式人工智慧（AIGC），AIGC 對影視產業的衝擊，在很早之前就已經開始了。

顯然的，Sora 不是第一個專注於文字生成影片技術的大模型，在 Sora 誕生之前，AIGC 在影片領域上已經取得顯著的突破和進步，例如：Meta 發布的 Make-A-Video 透過配對文字影像資料和無關聯影片片段的學習，成功地將文字轉化為生動多彩的影片，這一成果不僅加速了文字到影片模型的訓練過程，還消除了對配對文字 - 影片資料的需求，其生成的影片在美學多樣性和創意表達上，達到了新的高度，為內容創作者提供強大的工具。

Runway AI 影片生成器則以其易用性和高效性受到廣泛的關注，透過簡單的介面操作，使用者就能快速建立出專業品質的影片作品，其自動同步影片與音樂節拍的功能，更是大幅提升了最終產品的觀賞體驗。隨著 Gen-1 和

Gen-2 等後續版本的推出，Runway AI 在影片創作領域的實力不斷增強，為多模式人工智慧系統的發展樹立了典範，其中的 Gen-2 還具有 Motion Brush 動態筆刷功能，只需要在影像中的任意位置一刷，就能使影像中靜止的物體動起來。

Pika 和 Lumiere 的發布，進一步推動了生成式人工智慧在影片領域的應用。Pika 以其對 3D 動畫、動漫等多種風格影片的生成和編輯能力，為使用者提供了更加豐富的選擇。Google 的 Lumiere 則透過引入時空 U-Net 架構等創新技術，成功實現了對真實、多樣化和連貫運動的影片合成，為影片編輯和內容建立帶來了革命性的變革。此外，2023 年 12 月 21 日，Google 還發布一個全新的影片生成模型 VideoPoet，能夠執行包括文字到影片、影像到影片、影片風格化等操作。

可以說，在 Sora 誕生以前，AIGC 在影片領域的發展，就已經呈現出了蓬勃的態勢，這些先進的系統不僅提升了影片創作的效率和品質，還為創意表達提供了新的可能性。即便是在這樣的背景下，Sora 的誕生還是震驚了世界。

2023 年，以 Runway 等為代表的文字生成影片模型，已經令影視創作者感受到震撼，但是與能夠一次生成 60 秒以上高品質影片的 Sora 相比，此前的文字生成影片模型依然與 Sora 有巨大的差距。在相同的提示詞下，Pika 僅能生成 3 秒的影片，Gen-2 video 則可以生成 4 秒的影片，Sora 生成的影片時間最多可達 1 分鐘，並且基於 Sora 生成的影片，可以做到：①有效模擬短距離和長距離中人物和場景元素與攝影機運動的一致性；②與物理世界產生互動；③在主題和場景構成完全不同的影片之間建立無縫轉場；④能轉換影片的風格和環境；⑤延伸生成影片，向前和向後延長時間，實現影片續寫。而相較之下，無論是 Pika 還是 Gen-2video，都難以始終保持同一人物的連貫性。

更重要的是，Sora 不僅具有生成影片的能力，更具有對真實物理世界的理解和重新建構的能力，就像 OpenAI 的技術報告所說的那樣：「Sora 能夠深刻地理解運動中的物理世界，堪稱為真正的世界模型」。如果說 ChatGPT 這類語言模型是從語言大數據中學習，模擬一個充滿人類思維和認知映射的虛擬世界，是虛擬思維世界的模擬器，那麼 Sora 就是在真實地理解、反映物理世界，是現實物理世界的模擬器。

以 Sora 生成的「海盜船在咖啡杯中纏鬥」影片為例，為了讓生成效果更加逼真，Sora 需要理解和模擬液體動力學效果（包括波浪和船隻移動時液體的流動），還需要精確模擬光線（包括咖啡的反光、船隻的陰影及可能的透光效果），只有精準地理解和模擬現實世界的光影關係、物理遮擋和碰撞關係，生成的畫面才能真實、生動。Sora 所展示的能力，遠遠超越了人們此前對於 AI 生成影片的預想，可以說，雖然 Sora 並非第一輪衝擊，但卻是影視產業受到 AI 影響最猛烈的一次衝擊。

4.1.2　Sora 是個了不起的工具

現今，我們確實需要正視包含 Sora 在內的 AIGC 工具對於影視產業的影響和衝擊。對於影視產業來說，Sora 無疑是個了不起的工具，一方面 Sora 有望進一步提升影視製作的效率，尤其是在模型製作、模型渲染和優化等領域可以發揮重要作用，這將極大縮短影音製作的週期。

Sora 的出現，讓我們看到人類需要經過數年專業訓練的文字轉影片的表達技能，這種藝術性的表現方式、比單純的文字人機互動更為複雜的多模態轉換與表現方式，如今已經被人工智慧所掌握。正如 ChatGPT 最大的顛覆是讓我們看到了人工智慧，也就是基於矽基的智慧可以被訓練成擁有類人的語言

邏輯理解與表達能力，Sora 的最大顛覆就是讓我們看到基於矽基的智慧，可以被訓練成擁有與具備人類最高階的「文字轉影片」的藝術化表現能力。

以往人類要完成一個影片專案，尤其是影視專案，通常需要花費數月、甚至數年的時間，涉及到拍攝、剪輯、配音、特效等多個環節，而 Sora 只需要輸入文字描述，就可以自動生成高清晰度、高逼真度的影片，節省大量的時間和成本。從品質上來說，Sora 還可以極大提升影片製作的水準，過去一個影片專案需要依賴專業的技術人員和設備，才能達到較高的品質標準，而Sora 可以根據文字描述生成任何類型和風格的影片，無論是現實場景還是虛擬世界，無論是紀錄片還是科幻片，都可以輕鬆實現。

好萊塢演員、電影製片人和工作室老闆泰勒·佩里在看到 Sora 後，決定無限期擱置耗資 8 億美元的擴建工作室計畫，其本來計畫再添加 12 個攝影棚。佩里認為 Sora 可以避免多地點拍攝的問題，甚至不用再搭建實景，無論是想要科羅拉多州雪地還是想要月球上的場景，只要寫個文字，人工智慧可以輕鬆生成它，而此前佩里已經在兩部電影中使用人工智慧，僅在老化妝容上就節省了幾個小時。

事實上，基於目前的技術，人工智慧已經可以模擬生成大量不同的角色和場景，幫助提升影視製作的效率。例如：2023 年 8 月 AI 影片部落客「數位生命卡茲克」發布了一個《流浪地球 3》預告片火爆全網，甚至引起了導演郭帆的關注，他用 MidJourney 生成了 693 張圖，用 Runway Gen2 生成了 185 個鏡頭，最後選出 60 個鏡頭進行剪輯，只花了五個晚上。在後續發布的教程中，他表示以前自己做影片，用 Blender 建模渲染要花一個多月的時間。

在《媽的多重宇宙》視覺特效團隊只有八個人的情況下，視覺特效師埃文·哈勒克（Evan Halleck）藉由 Runway 輔助特效製作，縮短了製作週期，

特別是在電影裡兩個岩石對話的場景中，當沙子和灰塵在鏡頭周圍移動時，Runway 的動態觀察工具快速、乾淨地提取岩石，將幾天的工作時間縮短為幾分鐘。Runway 首席執行官克里斯・巴倫蘇艾拉（Cris Valenzuela）說：「AI 影片的應用讓好萊塢走向 2.0，每個人都能製作以前只有少數人能夠製作的電影和大片」。

另一方面，以 Sora 為代表的 AIGC 工具，還進一步降低了影視創作的入門門檻，讓更多的一般使用者能夠在具有一定的審美的基礎上，去創作出品質更高的作品。畢竟，Sora 已經不僅僅是一個影片生成工具，更深諳人類的文字，透過輸入簡短的文字，Sora 就能夠創造出最長 1 分鐘的高清影片，並展現驚人的創意和專業水準，Sora 的能力不僅僅是技術上的進步，更在於它對真實世界的理解和模擬。傳統的文字生成影片軟體往往只是在 2D 平面上操作圖形元素，而 Sora 透過大模型對真實世界的理解，成功跳脫了平面的束縛，使得生成的影片更加真實、栩栩如生。

可以預期，未來藉由人工智慧的力量，人們能夠將自己的想像以更好的視覺化的方式呈現出來。正如華特・班雅明（Walter Benjamin）在《機器複製時代的藝術作品》中，提到藝術作品所獨具的是「靈韻」，生成式人工智慧可以將更多蘊含在一般人想像中的構思具象化，為世界提供更豐富的作品。

4.1.3　唱衰影視產業的聲音

每次一有技術的突破，特別是這兩年人工智慧技術的突破，市場上就會有許多悲觀的聲音，例如：這次 Sora 突破，也有很多觀點認為影視產業就要完了。不可否認，Sora 的出現，為影視產業帶來了比過往任何一次都要大的衝擊，它極有可能會影響影片製作相關工作的就業前景。

隨著 Sora 等人工智慧技術的普及和完善，一些傳統的影片製作工作將會被取代或降低價值，這意謂著一些重複性高、標準化程度較高的影片製作任務，例如：字幕添加、剪輯等可能會被人工智慧完全或部分取代，其實 AI 影片生成依照現在的發展速度，很多簡單的鏡頭、群演、燈光佈景等都可以用 AI 去完成了。不過，目前即使是最先進的 Sora，在技術方面依然具有很大的侷限性，例如：無法準確地模擬很多基本的互動物理特性，在涉及到物體狀態改變的互動方面表現不足，經常會出現一些不該出現的物體或運動不一致的情況等。

顯然的，這些問題的解決還需要一些時間，其中最關鍵的是以下兩方面的問題，一方面是如何讓機器智慧能夠掌握與理解物理世界諸多的物理規則，以保障在生成的時候不會出現物理定律的混亂與出錯；另一方面則是運算能力的突破，如果運算能力無法有效支撐多模態的複雜模型訓練與大規模的公開試用，就很難從根本上完善 Sora 的模型本身。

並且，AIGC 也依然無法取代影視創作的主體性。一方面，以 ChatGPT、Sora 為代表的生成式人工智慧模型，都是基於大量來自人類創造出的作品訓練的結果，因為它所生產出來的所有一切，在其本質上仍然是基於人類勞動的過程；另一方面，在人工智慧技術不斷迭代的過程中，其主要目的依然是對人類及人類所處的真實世界的模仿，如果說現今的電影是一種對人類世界的加工和虛擬，那 AIGC 則是對這種虛擬的虛擬。

因此，就當前來說，Sora 的定位仍然是工具，既然是工具，變革的就是創作方式。換言之，在影視產業中，創意性和人類獨特的思維仍然是不可替代的，這也是人類進入人工智慧時代、人機協同時代後，人與機器之間協作的最大價值，也就是人類獨特的想像力與創新力。

在藝術創作領域，包括影視產業與其他產業最大的區別在於，作品裡有製作者強烈的個人意願和情感傾向，這恰恰就是個人藝術水準和創意性的體現，也是一個影視作品最核心的存在，而這些都是人工智慧無法完全取代的，因此技術的進步雖然可能會改變影視產業的工作方式和產業結構，但產業的核心仍然是人類的創造力和想像力。

從表演角度來看，合成人物的表演也不太可能完全取代電影和電視中的真實人類表演，至少它們無法擔任主演。真人表演著重於演員細膩的動作和表情呈現，而要人工智慧真實地複製人類演員的全部情感和反應能力，也是極其困難的。人工智慧或許可以輔助演員們，讓他們從繁瑣工作中釋放更多的寶貴時間，來做更多有意思的事情。

事實上，影視藝術的誕生，本來就是科技進步的產物。從歷史來看，任何技術的發明都為影視產業帶來了機遇，如從膠片時代到數位時代，從 2D 到 3D。而 Sora 就像影視產業歷史上任何一次的技術革命一樣，有望提高製作效率、更新製作，甚至可能創造新的類型、風格、流派。也許在未來的某一天，更成熟的 Sora 的世界建構能力，可以為視覺敘事開啟難以想像的前景，釋放無數不同聲音，講述人類從未想像過的故事。

在這個過程中，Sora 也為影視產業打開一個新世界，作為影視製作的超級工具，Sora 有望破除繪畫、動畫等技能帶來的創作壁壘，使有想法的人都能用 Sora 這樣的工具，來讓自己腦中的好點子視覺化，這意謂著 Sora 將使個人可以前所未有地做出專業電影製作人才能完成的影片效果和內容。

當然，這對於科幻電影產業的發展，將發揮前所未有的助推，因為基於 Sora，我們可在數位世界中以數位的方式實現我們對於未來的一些想像，並且能夠基於數位的方式生成與表現出來，這就完全突破了基於當前的物理

實景搭建，或者基於數位模型的建模，最大程度地突破人類理解與表現的限制。

Sora 所帶來的影響，一方面給影視產業的從業者們帶來挑戰，因為 Sora 使得過去受限於高昂成本和技術壁壘的創意想像得以輕鬆實現，因此影視產業鏈中的編劇、作家等有想法的人群，就可以在一定程度上繞開製片人、攝影師、燈光師等，來直接生產電影。或許未來影視產品的創作，會變得和寫小說一樣低成本，這會讓影視作品指數型爆發，隨之必然會誕生不少優質的作品，屆時留下的只會是有創意的創作者，而不夠有創意的人都會被淘汰；另一方面，Sora 也降低了影視產業的門檻，讓更多的人參與到影片製作中來，不再受限於專業技能和設備，任何有創意和想法的人都可利用 Sora，來實現自己的影視夢想。

或許不久的將來，網路文學將會逐步退出人類社會，基於 Sora 所生成的網路影視劇，將會逐步走入人類社會，成為一種新的閱讀方式。無論如何，Sora 的出現是 AIGC 里程碑的進步，也是電影產業加速變化的開端。

4.2　Sora 暴擊短影音產業

除了對傳統影視產業造成的衝擊，Sora 的發布更是對現今的短影音產業的一次暴擊。短影音產業一直是當前全球內容消費的主戰場，從中國的抖音、快手、B 站到國外的 TikTok，使用者對於短影音的熱愛可見一斑，而 Sora 的問世，將極大推動短影音創作的巨變。

以前製作一段令人驚豔的短影音，需要團隊的密集合作，但隨著 Sora 的出現，這一切都變得輕而易舉，只需簡單的文字輸入，就能輕鬆生成 1 分鐘的高品質影片，那麼在 Sora 的浪潮下，短影音產業又將迎來什麼樣的新變化呢？

4.2.1　在 UGC 時代崛起的短影音

現今的時代是一個內容消費的時代，文章、音樂、影片及遊戲都是內容，而我們就是消費這些內容的人，既然有消費，自然也有生產，與人們持續消費內容不同，隨著技術的不斷更迭，內容生產也經歷了不同的階段。

📽 PGC 時代

PGC 是傳統媒體時代及網際網路時代最古早的內容生產方式，特指專業生產內容，一般是由專業化團隊操刀、製作門檻較高、生產週期較長的內容，最終用於商業變現，如電視、電影和遊戲等。PGC 時代也是入口網站的時代，這個時代的突出表現，就是以四大入口網站為首的資訊類網站創立。

1998 年，中國王志東與姜豐年在四通利方論壇的基礎上，創立了新浪網。1999 年的科索沃危機和北約導彈擊中中國駐南聯盟大使館事件，奠定了新浪入口網站的地位。1998 年 5 月，起初主打搜尋和郵箱的網易，開始向入口網站模式轉型。1999 年，搜狐推出新聞及內容頻道，確定了其綜合入口網站的雛形。2003 年 11 月，騰訊公司推出騰訊網，正式向綜合入口網站進軍。

在初期，所有這些網站每天要生成大量內容，而這些內容並不是由網友提供的，而是來自於專業編輯，這些編輯要完成採集、錄入、審核、發布等一系列流程。這些內容代表了官方，從文字、標題、圖片、排版等方面，均體

現了極高的專業性，隨後的一段時間，各類媒體、企事業單位、人民團體紛紛建立自己的官方網站，這些官網上所有內容也都是專業生產。

UGC 時代

後來，隨著論壇、部落格及行動網際網路的興起，內容的生產開始進入 UGC 時代。UGC 就是指使用者生成內容，即使用者將自己原創的內容透過網際網路平台進行展示，或提供給其他使用者。微博的興起，降低了使用者表達文字的門檻；智慧手機的普及，讓更多一般人也能創作圖片、影片等數位內容，並分享到社交平台上；而行動網路的進一步加速，4G 及 5G 時代的到來，更是讓一般人也能進行即時直播。UGC 內容不僅數量龐大，種類、形式也越來越繁多，而推薦演算法的應用，更是讓消費者迅速找到滿足自己個性化需求的 UGC 內容。

UGC 時代中，特別值得一提的就是「短影音的崛起」，不過在短影音崛起之前，人們還曾經歷過一段長影音統治的時間。具體來看，2005 年 YouTube 成立，讓 UGC 的概念開始向全球輻射。同年，一部名為《一個饅頭引發的血案》網路短片在中國網際網路爆紅，下載量甚至一度擊敗了同年上映電影《無極》。此後，隨著優酷、土豆、搜狐影片等平台力推，一系列知名導演、演員及大量草根拍客也加入微電影大軍，無數網友拿起 DV、手機開始拍攝、製作。長影音網站和 UGC 生態開始在網際網路上開疆拓土，但在當時很多人沒有想過，隨著行動智慧終端機的革命性進步，以短影音為核心的 UGC 和直播，會最終變身為一個龐大的新興產業，延伸出無數鏈條。

縱觀短影音的崛起歷程，一方面是因為技術的進步，降低了短影音生產的門檻，在這樣的背景下，由於消費者的基數遠比已有內容生產者龐大，讓大量的內容消費者參與到短影音內容生產中，毫無疑問能大幅釋放內容生產力；

另一方面，理論上消費者們本身作為內容的使用對象，最瞭解自己群體內對於內容的特殊需求，將短影音內容生產的環節交給消費者，能最大程度地滿足內容個性化的需求。

現在已經無人能否認，短影音和直播是當下這個時代最流行的傳播載體，人們已經習慣用短影音來記錄自己，記錄各式各樣的生活。不僅如此，在內容社群的基礎上，短影音平台還嫁接了產品和服務，介入交易環節，形成商業生態，並且讓商業生態去反哺內容生態。而在短影音產業鏈中，上游主要包括了 UGC、PGC 在內的大量內容創作者，此部分是整個短影音產業鏈的核心，而 MCN 機構作為廣告主和內容創作者之間的橋梁，可以大幅加強其變現能力；下游則主要包括短影音平台和其他分發管道，其中短影音平台是短影音內容最主要的生產位置，之後在平台內外進行多管道分發。

短影音崛起的這幾年來，短影音平台也經歷了商業模式、產業結構的重構，如今短影音平台已經成為一種基礎設施，把使用者帶入數位經濟時代，而短影音平台們，不管是抖音、快手，還是 TikTok 的商業化收入、電商 GMV，都在高速成長。

4.2.2　Sora 衝擊下的短影音產業

不管短影音如何發展，對於短影音產業來說，「內容製造」都是其最關鍵、最重要的環節，但現在這一環節就快被 Sora 顛覆了，畢竟相較於傳統影視或長影音，短影音最大的特點就是「短」，這也是 Sora 最大的優勢之一。

和當前市面上的其他 AIGC 影片工具不同，市面上主流產品大部分只能生成 4 秒，Runway Gen-2 也只能到 18 秒，但 Sora 卻可以生成長達 1 分鐘的影片，同時保持視覺品質，並遵守使用者的提示，這對於滿足短影音平台的內

容需求非常有利。要知道，當前大多數短影音的時長也不過幾十秒或短短的 1-2 分鐘，OpenAI 官方號進駐 TikTok，發布 Sora 影片一週時間，就已獲得超過 14 萬粉絲，獲讚近百萬。A16z 合夥人看了這些由 Sora 生成的影片稱：「如果它們出現在資訊流裡中，絕對分不出真假。更重要的是，未來 Sora 生成的影片會變得更真實、更好」。

也就是說，只要根據指令，Sora 就能輕鬆生成一條短影音，無論是要做一隻蚊子從地球飛到火星的影片，還是做出潛水艇在人類血管裡航行的科幻畫面，都僅僅需要一句指令而已。Sora 還能夠生成具有多個角色、特定類型的運動，以及主體和背景的準確細節的複雜場景，因為 Sora 不僅瞭解使用者在提示中提出的要求，還瞭解這些東西在物理世界中的存在方式，Sora 還可以在單個生成的影片中建立多個鏡頭，準確地保留角色和視覺風格。

這也意謂著，短影音的製作門檻將會進一步被降低。即使沒有短影音內容的製作技能，只要有想法、有創意，就能透過 Sora 輕鬆建立視聽內容，有調性的創作者還可以在此基礎上進行修改，使之更符合自己的風格，達到事半功倍的理想效果，如此一來，整個短影音產業對攝影師、後期製作崗位的需求，也將會大量減少。未來科技類媒體的科普影片、生活類媒體的小貼士影片、商業類媒體的解讀類影片等需要搬運剪輯、素材整合與資料歸納類的影片，基本上都可以由 Sora 來完成操作。

可以說，雖然 Sora 也有潛力應用於長影音製作，但長影音的製作週期、成本和複雜度都幾何級數高於短影音，並且目前最大的制約與挑戰依然來自於運算能力的限制，因此從技術和市場適應性的角度來看，Sora 在短影音領域的應用將更加直接和有效。可以預期一旦 Sora 像 ChatGPT 一樣被放開應用，短影音的產量會迎來一次大爆發。

Sora 對現在的短影音產業也會帶來一場風暴，如果短影音的從業者缺少創意或沒有特色，將很難應對這股浪潮。一方面，儘管 Sora 能夠自動化許多製作過程，但優質內容的創作仍需要人類的創造力和想像力；另一方面，技術的進步必然導致市場競爭的加劇，那些缺乏創意或者沒有獨特特色的從業者，將很難在激烈的競爭中脫穎而出。

此外，從商業模式與盈利潛力來看，短影音平台通常具有更為多樣化的商業模式和盈利潛力，如廣告植入、直播帶貨、付費觀看等。Sora 如果能夠與這些商業模式相結合，將會為短影音平台帶來更多的商業機會和盈利空間，例如：Sora 可以幫助平台生產更多吸引人的短影音內容，從而吸引更多的使用者和廣告主，進而增加平台的盈利能力。此外，Sora 還可以透過提供客製化的影片內容，滿足使用者個性化的需求，從而提高使用者留存和付費觀看的意願。

可以說，Sora 的誕生，代表著 AIGC 短影音生成時代的正式到來，儘管 Sora 為傳統的短影音生產者們帶來了挑戰，但與此同時，這也是一個激發更多人創作力的時代。在這個多模態大模型的引領下，我們有望看到短影音產業的深刻變革，讓我們拭目以待。

4.3　Sora 如何改變廣告行銷

Sora 掀起的軒然大波，對廣告行銷領域也產生了巨大的影響。對於品牌來說，儘管過去一年 AIGC 的發展，已經改變了部分內容創作的工作流程，但對於影片廣告創意來說，依舊是一大難題，而且占據不少成本。而 Sora 作為一種新的內容生產工具，為廣告商和行銷人員提供了一種全新的創作方式，

有望大幅降低影片廣告成本，打破過去存在於「創意到落實」之間固有的很多壁壘。

4.3.1 大幅降低影片廣告成本

作為影片生成的超級工具，Sora 的出現最直接衝擊的就是整個影音領域，不管是傳統影視，還是近年來才崛起的短影音，又或者是廣告行銷產業的影片廣告。對於行銷產業來說，Sora 能夠讓影片廣告製作的門檻大幅下降，成本降低，週期加快。

舉例而言，大部分的汽車廣告，都是一輛車在路上行駛的畫面，只不過有些車行駛在崇山峻嶺，有些車行駛在沙漠裡，有些車在爬坡，有些車在過河，但就是這樣 1 分鐘左右的影片，傳統廣告公司的報價也基本在百萬級別，因為這需要一大波人開去深山，再跟車攝影，以及用上無人機進行場景拍攝等。儘管汽車廣告拍攝的報價有百萬，但這其中大部分都是拍攝費用，而不是創意費用。Sora 完全可以省下這百萬級別的拍攝費用，在 OpenAI 官方更新的示例中，有一個影片就是一輛老式 SUV 行駛在盤山公路上。

而生成這樣一個影片，只需要輸入相關的指令和提示詞：「鏡頭跟隨一輛帶有黑色車頂行李架的白色老式 SUV，它在一條被松樹環繞的陡峭土路上加速行駛，輪胎揚起灰塵，陽光照射在 SUV 上，給整個場景投射出溫暖的光芒。土路蜿蜒延伸至遠方，看不到其他車輛。道路兩旁都是紅杉樹，零星散落著一片片綠意。從後面看，這輛車輕鬆地沿著曲線行駛，看起來就像是在崎嶇的地形上行駛。土路周圍是陡峭的丘陵和山脈，上面是清澈的藍天和縷縷雲彩。」基於這一提示詞，Sora 就能生成一個極其逼近現實場景，從細節到畫面都非常精緻，甚至讓人分不出到底是 AI 生成還是實拍的 1 分鐘影片。

圖 4-1　OpenAI 官方的示例影片

　　不僅僅是汽車廣告，還有美食及酒店廣告、旅遊景點的推薦影片，這種不需要複雜情節的廣告作品，Sora 都可以直接生成。近年來，為了降低成本、增加效益，影片廣告已經有了很多的變化，也融合了許多的科學技術，其中最具代表的就是超現實創意短片。2023 年 4 月，法國設計師品牌 Jacquemus 在其官方 Instagram 上發布了一則創意影片，品牌經典包款 Le Bambino 被裝上車輪，化身為巨型巴士，在巴黎街頭展開巡遊，包內還可以窺見乘客，馬路上亦印有 Bambino 和 Jacquemus 等字樣。

圖 4-2　Le Bambino 巴士穿梭在巴黎街頭

這支由動畫兼影片製作工作室 Origiful 創作的短片，被搬運至微信影音號也獲得了超過 3.8 萬的按讚數，而該工作室在 2022 年 3 月為媚比琳（Maybelline）品牌打造的倫敦地鐵刷睫毛膏影片，同樣因動感趣味的特效洗版中國社交媒體。

當然，這些場景並非真實存在，而是一種被稱為「FOOH」（faux-out-of-home）的偽戶外廣告，某個時尚單品經過 CGI 等技術處理，通常以誇張變形、放大的特效，出現在人們熟悉的生活場景中，模糊了虛擬與現實的邊界。由於超現實技術能針對產品進行現實中無法實現的變形處理，許多品牌開始選擇將這種創意形式用於新品宣傳，且在從城市場景選擇方面，多為北京、上海、廣州和成都，如蘭蔻情人節限定唇膏嵌入上海武康大樓、Vercase 迷宮包降落廣州沙面等。

除了具有創意性，超現實戶外廣告得以流行的另一個重要原因在於，製作週期相對短，且更具成本效益。成立於上海和廣州的本土數位藝術與未來科技創新工作室 flashFLASH 雙閃的創意總監楚冰表示，從創意到拍攝、實景追蹤、CGI 製作及最後合成輸出，一條 10 至 15 秒創意短片順利的情況下，完整週期在 3 至 4 週，這其實也是超現實戶外廣告的核心優勢之一，以更省時省錢的方式打造腦洞大開的畫面。

但即便如此，具備連續穩定、多鏡頭和高畫質等多項優點的 Sora 模型，依然對這種短時間內產出突破物理限制的創意模式發起了進一步的挑戰。可以說，對於現在的廣告公司來說，Sora 的影響不僅僅是降低成本、增加效益這麼簡單，更意謂著傳統廣告公司從組織模式到商業模式都會重構。組織模式方面，傳統的廣告製作過程通常涉及到廣告創意、劇本撰寫、拍攝製作、後期編輯等諸多環節，需要大量的人力和時間投入，而有了 Sora 等 AIGC 技術，其中的許多環節都可以被自動化或部分自動化，大幅減少了人力資源的

需求；商業模式方面，隨著人工智慧技術的普及，廣告作品的製作成本將大幅下降，這意謂著廣告公司需要重新定價，並提供更具競爭力的服務，例如：提供與人工智慧技術相關的增值服務，如數據分析、智慧行銷策略等，從而進一步提升盈利能力。

不僅如此，Sora 還會促使個性化廣告的興起。一方面，根據 Sora 團隊公布的所有生成影片作品，我們也能看到 Sora 無比廣闊的應用前景，例如：在個人層面，Sora 可以快速建立個性化的故事、家庭錄影，甚至是基於想像的概念視覺化，這意謂著 Sora 可以釋放不同需求下的創作需求，折射到品牌行銷上，Sora 有望幫助品牌做到更精細化的使用者行銷，這也是整個行銷產業的大趨勢。另一方面，行銷成本降低，給了市場部花小錢辦大事的可能性，在預算有限的情況下，原本只能製作一條影片的錢，可以用來生成製作多條影片，這就意謂著可以為不同的客戶畫像（persona）創作出針對性的廣告內容，從而進一步提高廣告的吸引力與投放轉化率。

Sora 也讓影片廣告快速迭代成為可能。行銷團隊可以在短時間內製作多個版本的廣告，進行 A/B test，找出最有效的廣告元素，如呈現方式、視覺風格或敘事節奏等，從而優化廣告效果。

憑藉強大的創作能力和極其廣泛的應用範圍，Sora 還有望成為電商的運營利器，從廣告行銷的角度，電商的宣傳更加標準化，例如：Sora 可以根據產品及場景的簡單文字描寫，生成逼真流暢的影片，這種生動直觀的視覺呈現，不僅比文字與圖片更能吸引使用者的眼球，還能增加產品頁面的說服力，同時節省人工成本和製作週期。此外，Sora 可以自動生成步驟分明的產品使用演示影片，還可以根據不同的使用場景生成不同的影片。

2024 年 2 月，亞馬遜官方宣布了其平台貼文工具的最新更新，推出了一個短影音功能，允許使用者在貼文中發布時長不超過 60 秒、9:16 直式影片比

例的短影音，並附帶一個簡短標題，影片中展示的商品會持續顯示在畫面底部。這項功能推出後，亞馬遜的賣家們就能夠透過發布更多的影片貼文，來向消費者傳達更豐富的資訊，進而塑造和加強品牌形象。如果 Sora 開放給使用者，大量亞馬遜賣家必定會基於 Sora 生成影片，來搶奪這一新流量入口。可以預期透過 Sora，廣告行銷將迎來更加高效、個性化新時代，為傳遞品牌內容，加強消費者溝通，開闢新的可能性。

顯然的，Sora 的出現，將會對廣告行銷產業帶來巨大的衝擊與挑戰，缺乏獨特創意的廣告策劃公司，將會受到 Sora 的挑戰，不論是基於影片類的廣告，還是基於圖片類的廣告創作，Sora 都將以更低的成本、更高的效率、更低的門檻，對廣告行銷產業帶來挑戰。

4.3.2 創意是廣告業的未來

從 Sora 的技術邏輯來看，許多工作都可以由它完成。儘管目前 Sora 仍然有明顯的缺點，包括沒有對話，也無法形成文字，以及會出現一些違背物理定律的情況。例如：老奶奶吹蠟燭，但火焰紋絲未動，或是杯子碎掉，但果汁卻先溢出了，不久後這些問題或許都將被技術的更迭解決，重要的是我們需要注意到 Sora 已經表現出擁有改變影片廣告生產方式的能力。

目前，對於品牌而言，TVC 廣告、短影音資訊流廣告依然是與大眾溝通的重要方式，而這一關鍵工作將被 Sora 改變，過去品牌生產影片面臨週期長、成本高等問題，現在品牌能夠更輕鬆地講故事，在這樣的背景下，怎麼講故事、講什麼故事，就成了廣告行銷的核心。簡言之，創意本身的價值仍然不可替代，未來對於廣告行銷來說，創意只會越來越重要。

而如何在好創意的基礎上，藉由 AI 技術去實現過去難以實現的想法，或者需要更高代價才能實現的想法，將成為未來廣告行銷的重要方向。畢竟，

Sora 生成的內容雖然在效率和成本方面有優勢，但可能更注重創新和視覺效果，而缺少某些人類獨有的創造力和細膩情感，而只有透過情感共鳴和個性化傳達品牌形象，才有可能達到真正理想的行銷效果。

此外，廣告行銷往往涉及到使用者洞察、傳播策略、創意實現、媒介投放、執行到 CRM、資料與技術等多個方面，需要綜合運用內容行銷管理、市場分析工具、CRM 軟體、程式化原生廣告、行銷資料管理平台、需求方平台 DSP 等多種工具，如何在這些環節的基礎上，深入洞察使用者、分析企業與品牌方需求，再反覆打磨創意，並透過 Sora 來進行呈現，也是未來廣告行銷的新變化和新挑戰。

可以說，Sora 降低了做影片的門檻，但本質上對於人們的創造模式和創意方式，並沒有根本性改變，創意依然是廣告業的過去、現在和未來，尤其是在 AIGC 的加持之下，只有足夠優秀的內容，才能夠享受時代的紅利。

4.4　遊戲變革迎來 Sora 時刻

Sora 掀起了各行各業的巨震，遊戲產業也不例外。從 OpenAI 官方目前放出的幾十個示例影片來看，Sora 生成的影片已經達到了難辨真假的程度，只要給出明確的關鍵字，它就能生成高品質、風格各異的特定影片，並且操作簡便，功能強大，為遊戲的製作和展示提供了全新的可能性。

4.4.1　AIGC 拉開遊戲變革序幕

現今 AIGC 與遊戲的結合正日益密切，對於 AIGC 的應用來說，遊戲也是不能忽視的重要領域。事實上，早在 Sora 發布之前，遊戲領域就已經有許多

關於 AIGC 應用的實踐，例如：NVIDIA 的 Audio to Face 技術，簡單來說，只要透過錄製語音音軌，就能生成活靈活現的臉部動畫，而這項基於人工智慧的技術，已經被廣泛應用於遊戲開發中；NVIDIA 的 DLSS 3.5 採用了光線重建技術，同樣屬於一種 AI 模型，能為遊戲帶來更優秀的影格率、畫面以及光線效果，而《電馭叛客 2077》、《心靈殺手 2》等多款作品都已經應用了這項技術。

2023 年，NVIDIA 還宣布推出 Avatar Cloud Engine（ACE）for Games，該技術為遊戲製作者提供了一種客製化 AI 模型的代工服務，以建構、部署及植入在雲端和個人電腦上運行的客製化語音、對話和動畫 AI 模型。在 Computex 2023 台北國際電腦展上，NVIDIA 展示了一款名為「Kairos」的遊戲 Demo，Kairos 利用 NVIDIA 推出的 ACE for Games 解決方案，使得非玩家角色（NPC）具備了智慧和反應能力。在一個賽博龐克風格的拉麵店場景中，玩家可以透過語音輸入與 NPC 角色對話，這個 NPC 角色名為「Jin」，它就是透過 AIGC 即時生成回答，同時具備逼真的臉部動畫和聲音，與玩家的語氣和背景故事相符。NVIDIA 認為，AIGC 有潛力徹底改變玩家與遊戲角色的對話模式，提高遊戲的沉浸感。

除了 NVIDIA 的 AIGC 技術外，在遊戲領域應用的 AIGC 還有 Instruct NeRF2NeRF、虛幻 5 引擎（UE5）、騰訊 AI Lab 等 AI 3D 生成工具。Instruct NeRF2NeRF 可根據文字指令生成 3D 模型，NeRF 即為神經輻射場，常用於將 2D 影像合成為 3D 模型。2023 年，來自 UC 柏克萊的研究人員基於文字引導擴散模型 Instruct Pix2Pix，並疊加 NeRF 模型進行訓練，最終推出了全新的 3D 場景演算法 InstructNeRF2NeRF，該工具能夠依託已經收集的影像集，根據文字指令直接建構或優化相應 3D 場景。

虛幻 5 引擎提供了快速 3D 臉部建模功能。2023 年 3 月，Epic Games 在 2023 遊戲開發者（Game Developers Conference，GDC）大會中發布了虛幻引擎 5.2 預覽版本，推出新版 MetaHuman Animator 功能，在該功能下，僅需一台手機，就可以實現 3D 臉部建模。建模過程十分簡便，使用者透過手機錄製臉部影片，上傳至 Live Link Face 應用程式捕獲臉部動態，MetaHuman Animator 就可以使用影片和 Dev 資料，將其轉換為高畫質度的動畫。實際上，在完成臉部捕捉之後，僅需要 3 影格影片，就可以完成 3D 臉部建模，且能在短暫的幾分鐘內完成全流程。

騰訊 AI Lab 實現了透過 AI 技術完整生成 3D 虛擬城市。根據騰訊 AI 實驗室在 GDC 2023 發表主題為《AI Enhanced Procedural City Generation》的演講，AIGC 技術已應用於大規模 3D 遊戲內容製作，開發團隊提出了自研的 3D 虛擬場景自動生成解決方案，並運用該方案從零製作一座 3D 虛擬城市，能夠實現多樣化建築外觀生成、室內映射生成等能力。該方案可進一步幫助遊戲開發者實現更低成本、高效的遊戲內容製作，提升 3D 虛擬場景的生產效率，並縮短遊戲開發週期。此外，騰訊還運用 AI 進行遊戲平衡性測試、遊戲新手教學、關卡生成等。

AIGC 的崛起，為遊戲體驗帶來了革命性的變革，不僅豐富了遊戲內容，還深刻影響了遊戲互動；透過 AIGC 技術，遊戲可以更好地理解玩家輸入的自由文字指令，而不僅僅是預定義的選項。也就是說，我們可以透過直接輸入文字描述，來與遊戲角色或環境進行更自然、更靈活的互動，例如：在冒險遊戲中，過去我們可能只能選擇「打開寶箱」或「跳過」，但現在基於大語言模型，我們就能實現與村民交談，而不是從有限的選項中進行選擇。大語言模型還可以建立更為自然、更具趣味性的遊戲對話，遊戲中的角色可以根據玩家輸入的文字內容，生成更為自然、有深度的回應，這使得與遊戲角色的互動更加真實、有趣，進一步提高遊戲的沉浸感。

另外，AIGC 還可以根據不同的玩家來客製化不同的遊戲內容，實現個性化的遊戲互動，例如：在解密遊戲中，AIGC 可以根據玩家的輸入，生成全新的謎題和挑戰，這意謂著每個玩家在遊戲中遇到的謎題和挑戰可能是獨一無二的，從而增加了遊戲的可玩性和挑戰性。AIGC 還可以根據玩家的行為和喜好，生成個性化的任務和目標，這種任務系統不僅可以根據玩家的能力和興趣調整任務難度，還可以根據玩家的遊戲進度生成新的任務，從而使遊戲的挑戰性和趣味性得到持續提升。

AIGC 甚至還能透過分析玩家的行為和偏好，來預測玩家的需求和期望。這樣的預測可以用於改進遊戲設計，例如：調整遊戲難度、優化遊戲介面、生成更符合玩家喜好的遊戲內容。透過對玩家行為的深入分析，AIGC 可以使遊戲更加貼近玩家的需求，提供更好的遊戲體驗。

4.4.2　Sora 會顛覆遊戲嗎？

如果說 GPT、AI 語音生成、AI 3D 生成等 AIGC 工具拉開了遊戲變革序幕，那麼 Sora 的加持，則讓 AI 影片模型在遊戲開發技術上的應用更加廣泛。

在 OpenAI 發布的示例影片中，最受遊戲從業者關注的示例影片，可能就是模仿《Minecraft》遊戲風格的影片。OpenAI 向 Sora 提供了「Minecraft」一詞的提示後，它就能以高畫質的方式渲染出與該遊戲極其相似的遊戲場景，同時還可以模擬玩家操作遊戲角色，生成 HUD，實現物理回饋。OpenAI 認為，Sora 的這種能夠完整模擬遊戲世界的能力，表示影片生成 AI 的發展正在朝著能夠高度模擬物理和數位世界，以及其中的動物和人等對象的方向邁進，可以說 Sora 對遊戲產業的提升近乎是革命性的。FutureHouseSF 聯合創始人 Andrew White 認為，Sora 將會能模擬整個《Minecraft》遊戲，乃至下一代主機就會出現 Sora box 的身影。

　　當然，Sora 正式發布後，帶來首當其衝的影響，一定是遊戲開發成本的降低。傳統的遊戲開發過程通常需要耗費大量的時間、人力和金錢，來建立、測試和優化遊戲元素，例如：遊戲開發人員需要花費大量的時間和精力，來手動繪製和設計遊戲場景和角色動畫；在遊戲開發過程中，還經常需要對遊戲內容進行調整和優化，以滿足玩家的需求和市場的變化。而使用 Sora 模型，開發者可以更加高效地建立、編輯和調整遊戲內容，以及快速生成各種精美的遊戲場景和角色動畫，從而大幅縮短遊戲開發的週期，並提高了製作遊戲的靈活性和創造力。

　　如今，人工智慧已經近乎能接管整個遊戲開發的流程，文字有 GPT、語音有 VITS 合成，再加上未來的 Sora，一些小型遊戲的開發成本可能會被壓縮至相當低的程度。儘管如今的 AI 技術尚顯青澀，但「從 0 到 1」的鴻溝已被跨越，距離真正的質變只是時間的問題。

　　對遊戲從業者而言，Sora 的出現，無疑也加劇了形勢的不確定性。一方面，遊戲開發本身就是一個技術密集型和創意密集型的產業，傳統上需要大量的人力和時間來完成各種任務，包括場景設計、角色建模、動畫製作等，而有了 Sora 這樣的人工智慧工具，可以快速生成各種遊戲內容，使得部分工作可以自動化或者減少人力投入。這引發了一些遊戲從業者的擔憂，擔心自己的工作可能會被人工智慧所取代，導致就業機會減少或者工作壓力增加，如何面對與合理利用 Sora，可能又會成為遊戲從業者極待學習的問題。

　　另一方面，對於一些小型廠商或獨立遊戲開發者來說，Sora 的出現，或許成了緩解遊戲開發成本壓力的一根救命稻草。近年來，遊戲開發成本不斷攀升，導致許多專案因資金鏈斷裂而夭折，很多好的遊戲創意也因為成本問題無法實現，在這種情況下，Sora 可以承擔一部分原本需要高技術水準或重複勞動的工作，大幅減少製作遊戲所需的時間和人力成本，這使得小型廠商和

獨立開發者有更多的機會，將精力集中在遊戲的核心競爭力上，提高遊戲品質和創意水準。

從 GPT 到 Sora，隨著 AI 技術的不斷演進，可以肯定的是 AI 對遊戲產業帶來的效用，遠不止於降低成本、增加效益或輔助設計、宣傳的生產力工具，AI 將逐漸走進遊戲開發的核心流程中，成為新的遊戲引擎，並推動遊戲產業朝著更加智慧化、個性化和社群化的方向發展。

4.5　將視覺化帶入醫療

隨著人工智慧時代的到來，人工智慧技術已經逐漸應用到醫療領域，包括輔助診斷、影像診斷、個性化治療等。當前人工智慧技術還在不斷創新和進步，繼 ChatGPT 後，OpenAI 發布的 Sora，使得人工智慧再次成為醫療產業關注的焦點。展望未來，基於 Sora 強大的影片生成能力，無論是醫學教育還是醫病互動等領域，都將迎來前所未有的機遇和變革。

4.5.1　視覺化醫療的到來

對於醫療產業來說，Sora 帶最大的影響就在於，將視覺化帶進了醫療產業。就嚴肅和嚴謹的醫療產業而言，「視覺化」一直是個難題，醫療領域一直都在探索各種方式來處理和展示醫學資料，因為這些資料對於醫師做出準確診斷、制定有效治療方案以及向病患傳達資訊至關重要。傳統的方式往往依賴於靜態影像、文字描述或簡單的圖表，然而這些形式有時無法充分表達複雜的醫學資訊，也不夠直觀，而 Sora 作為一個文字到影片的生成工具，

提供了一種新的途徑來實現醫學資料的視覺化,為醫療產業帶來了新的可能性。

Sora 能夠將醫學資料轉化為直觀的影片內容,使得醫學影像、檢測結果、病理學資料等,變得更加易於理解。過去醫師往往需要透過靜態的醫學影像、檢測結果和病理學資料,來理解病患的病情和健康狀態,然而這些靜態的影像和文字往往無法完全展現出疾病的發展過程和變化趨勢,而且對於非專業人士來說,理解起來也有一定的難度,但有了 Sora,醫學資料可以動態的、生動的影片形式呈現,醫師可以更直觀地觀察病變、疾病發展的過程,從而更準確地進行診斷和治療。醫師可利用 Sora 生成的影片來展示病患的醫學影像,例如:CT 掃描結果或 MRI 影像,以及病變的位置、形態和嚴重程度。透過動態的影片展示,醫師可以更清晰地觀察病變的發展過程,瞭解疾病的特點和變化趨勢,從而更準確地做出診斷和制定治療方案。

Sora 的視覺化能力,也為醫學教育提供了新的途徑。在醫學教育中,傳統的教學方法主要側重於課堂講解、實驗室實踐和臨床實習,但這些方法往往受到時間和資源的限制,無法滿足學生對於實際操作和場景模擬的需求,而 Sora 的出現,為醫學教育帶來了全新的學習方式和工具。

醫學教育者可利用 Sora 生成各種場景的影片,幫助醫學生模擬臨床操作、手術技能或急救過程。透過觀看這些影片,學生可以直觀地瞭解醫學操作的步驟和技巧,從而提高他們的臨床技能和操作能力,例如:醫學教育者可利用 Sora 生成的影片來模擬心臟手術過程,展示手術步驟、器械使用和術後護理等內容,使學生能夠在虛擬環境中體驗和學習手術操作的技巧。

Sora 的視覺化能力,還可以幫助醫學生更深入地理解醫學知識。透過觀看生動直觀的影片內容,學生可以更直觀地瞭解人體解剖、疾病發生機制、藥

物作用原理等醫學概念，從而加深對醫學知識的理解和記憶，例如：醫學教育者可利用 Sora 生成的影片，來展示細胞分裂的過程、病理組織的變化以及藥物在體內的作用過程，幫助學生理解這些抽象概念和複雜過程。

此外，Sora 也為醫學學生提供更多的實踐機會和場景模擬。透過觀看和參與 Sora 生成的虛擬場景，學生可以在安全環境下練習臨床技能、診斷病例和制定治療方案，從而增強他們的應對能力和實踐經驗。

可以說，作為一個視覺化工具，Sora 不僅提高了醫學資料的理解和傳達效果，還促進了醫學教育的創新。隨著技術的不斷發展和應用的深入，Sora 在醫療領域的作用將會越來越大，為醫學診斷、臨床實踐帶來更多的機遇和挑戰。

4.5.2　讓健康觸手可及

除了輔助醫師診斷、改變醫學教育之外，Sora 還有望成為醫病溝通的強大工具。通常來說，醫師需要向病患解釋複雜的醫學資訊，包括疾病的診斷、治療方案及預後情況，但這些醫學資訊通常充滿了專業術語和抽象概念，對於非專業人士來說很難理解，在這種情況下，Sora 的視覺化能力發揮了重要作用。

基於 Sora 的強大功能，醫師可以為病患客製化專屬影片。透過生動的畫面和簡明的語言，詳細解釋治療方案和用藥計畫，甚至提前揭示預期的副作用，讓資訊傳遞更加直觀和高效，幫助病患理解他們的治療選擇，大幅提高病患的理解和依從性，減輕他們的焦慮。

舉例而言，如果有一位病患被診斷患有心臟疾病，並需要接受心臟導管手術。在這種情況下，醫師可利用 Sora 生成一段影片，詳細解釋手術的過程和

相關資訊。影片可以從病患心臟的三維模型開始，基於 Sora 建立一個精確的心臟模型，並將其顯示在螢幕上，然後醫師可以透過影片向病患展示手術的整個過程，包括手術前的準備、麻醉過程、導管插入的步驟、手術中的觀察和操作及術後的恢復情況，如此病患可以直觀地瞭解手術的具體步驟和過程，包括醫師在手術中的操作方式、使用的器械和設備等。醫師可以透過影片解釋手術的風險和可能的併發症，以及術後的護理和康復計畫，影片還可以展示手術的預期效果和可能的治療效果，幫助病患理解手術的目的和重要性。

透過觀看這段影片，病患可以更清楚瞭解自己即將接受的手術，並對手術過程和可能的風險有一個更準確的認識。影片的直觀性和生動性，使得醫學資訊更易於被理解和接受，有助於病患消除對手術的恐懼和焦慮，增強對治療的信心和合作意願；這種個性化的溝通方式，有助於建立醫師和病患之間的良好關係，提高治療的效果和病患的滿意度。

再例如：現今，當我們要進行醫美，醫師往往是透過口頭描述或靜態圖片向病患展示術後效果，但這種方式往往不夠直觀和生動，容易造成誤解或不透澈的理解。而利用 Sora 生成的影片內容，可以提供更加直觀、生動和真實的術後效果展示，從而實現醫病之間的充分溝通。透過影片，尋求醫美的病患就可以清楚地看到自己術後的效果，包括臉部輪廓的變化、皮膚質地的改善等，與傳統的靜態圖片相比，影片更能夠展現出術後效果的立體感和真實感。利用 Sora 生成的影片內容，還能夠提供更個性化的術後效果展示，影片可以根據病患的實際情況和需求進行客製化，包括臉部特徵、皮膚類型等因素，從而更貼近病患的實際情況，增強病患的參與感和滿意度。

此外，Sora 的出現，也為每個人獲得健康資訊帶來革命性的改變。在尋求健康知識的道路上，每個人都應該享有平等的權利，而 Sora 以其獨特的方

式，為每一個需要的人提供清楚的健康指引。無論是身處何方，無論個人的背景如何，Sora 都能為使用者提供客製化的健康影片，還可以提供多種語言版本，以滿足不同使用者的需求。也就是說，無論使用者是否具有身體殘疾或面臨語言障礙，Sora 都能夠為他們提供易於理解和應用的健康知識。

舉例而言，有一位聾啞病患需要瞭解關於糖尿病管理的資訊，傳統上這位病患可能會面臨語言障礙，無法理解書面文字資料或醫師口頭講解，然而有了 Sora 技術，醫學專家可以生成適用於聾啞人群的健康影片，配有手語翻譯和字幕，使得病患能夠直觀地瞭解糖尿病的管理方法和預防措施。

未來透過 Sora 技術，健康資訊變得觸手可及，每個人都能夠平等地享受到健康關懷。無障礙的資訊傳遞，不僅能夠增強個體的健康意識和自我管理能力，還能夠促進整個社會的健康水準提升。

4.6　重塑設計產業

隨著 Sora 的驚豔亮相，設計領域迎來了前所未有的技術革命。作為 OpenAI 繼 GPT 和 DALL·E 之後的又一項創新成果，Sora 憑藉其獨特的「文字到影片」轉換能力，已經成為 AI 技術發展的一個重要里程碑，這不僅體現了 AI 技術在理解和生成複雜媒體內容方面的進步，更是對整個設計產業的重新塑造。

4.6.1　AIGC 席捲設計產業

2023 年經歷了 GPT、Midjourney 等一系列 AIGC 技術的轟炸後，設計產業已經有了天翻地覆的變化，如今 GPT 已經成為許多設計師的必備工具，GPT

可以協助設計師更快完成設計任務，同時還能提高設計的品質，例如：透過與 GPT 進行對話，設計師可以獲取靈感、設計建議，以及獲得有關使用者行為和使用者需求的見解，特別是在 UX/UI 設計過程中，使用 GPT 的一個關鍵優勢就是，它能幫助生成文案和內容，這可以極大提高設計師的效率和生產力，為更具戰略性和創造性的工作騰出時間。

過去想要建立引人入勝且準確的產品描述，可能需要耗費大量的時間和精力，但不管是 ChatGPT 還是 GPT-4，都可以針對產品描述、關鍵特點和優勢進行訓練，並用於為新產品生成產品描述。此外，GPT 還可以用於生成標題、標籤和其他 UI 元素，確保它們清晰、簡明，與整體設計風格保持一致，並根據各種設計原則和最佳實踐進行訓練，以便提供建議，幫助設計師做出明智的設計決策。

當然，使用 GPT 來生成描述，還只是 AIGC 在設計產業最基礎的用法，對於設計產業來說，AIGC 更進一步的應用是在 GPT 的基礎上，再搭配 Midjourney、DALL-E 等影像生成 AI 工具進行影像生成。設計產業在融入文字生成圖片的功能之後，設計的流程得以進一步簡化，這不僅極大提高了設計效率，也降低了設計門檻，甚至對整個設計產業都造成衝擊。

以 GPT 搭配 Midjourney 為例，這其實就是一個典型的「GPT+ 效應」的例子，簡單來說，就是 GPT 模型和其他人工智慧程式的組合拳。GPT 是一種自然語言處理工具，透過輸入一段話，GPT 就可以自動生成有邏輯、有意義的文字內容，從而幫助設計師快速生成表達設計方案、設計創意的語言文字，同時減少繁瑣的語言表達工作。Midjourney 則是一款基於 AI 技術的設計輔助工具，它可以幫助設計師迅速獲取靈感和思路，並透過對設計專案、風格、顏色等自動分析和推薦，幫助設計師更快速生成大量的意向圖、效果圖，大幅提高前期設計的效率和品質。而 GPT 和 Midjourney 的結合使用，可以大幅

節約設計師的時間成本，設計師可利用 GPT 生成大量的設計方案和創意，然後透過 Midjourney 進行篩選和優化，最終完成高品質的設計。

2023 年，整個設計產業都面臨著來自於 AI 的挑戰，尤其是一些遊戲公司，不論是從程式師還是原畫師，GPT 搭載著各種 AI 設計軟體，引發了大裁員。GPT 和 Midjourney 的結合使用，其已經能達到一個中級原畫師的水準，AI 繪畫至少可以幫助畫師完成前期 50% 以上的工作。這在過去，人類為了掌握這樣的一種繪畫技能，至少需要十幾年專業的美術訓練，付出大量的時間與金錢來不斷學習與練習，才能獲得專業繪畫的技能，但如今卻正在被 AI 繪畫輕而易舉地取代。

GPT 和 Midjourney 的結合不僅速度快，幾分鐘就可以產生大量的創意和方案，而且輸出的文字和影像品質也高，能夠滿足大部分使用需求，並且 GPT 和 Midjourney 的操作也非常簡單，無需專業技能就可以使用。事實上，2023 年基於 GPT 和 Midjourney 的結合，網路上誕生了許多神圖，例如：穿越到蘇聯工廠的馬斯克、看海棠的學妹、中國版的赫本等。

可以說，GPT 和 Midjourney 的結合，為設計師提供了前所未有的智慧工具，幫助設計師來更加瞭解使用者需求、優化使用者體驗、生成設計靈感、尋找設計資源、編寫研究大綱，極大改變了設計產業的工作方式和工作效率，也為設計師們帶來更多的創作靈感和創新可能性。

4.6.2　Sora 衝擊設計產業

如果說 GPT、Midjourney、DALL-E 等 AIGC 工具改變了設計產業的工作方式和工作效率，在設計靈感獲取、設計迭代和修改、設計評估和回饋等方面，提供了更全面和智慧的支援，那麼 Sora 則是在這些改變之外，進一步創新了設計表達。

對於設計師來說，將想法轉化為視覺化的影像或模型，往往是時間消耗最大的一環。在傳統設計中，設計師們往往需要用 3D 建模軟體，例如：3ds Max 和 SketchUp 來表達自己的想法，Sora 的使用可以大幅度提高這一過程的效率。設計師無須花費大量時間在軟體操作和渲染上，而是可以將更多的精力投入到設計本身。這種效率的提升，不僅能夠加快專案的推進速度，也為設計師提供更多的時間，來提升設計的品質和創新性。

例如：一位室內設計師只需要透過簡單的文字描述，就能讓 Sora 生成具體的室內空間影片，這不僅加速了從概念到視覺化的過程，也為設計師提供一個探索和實驗不同設計方案的平台。Sora 可以生成各種不同風格、不同主題的影片，為設計師們提供了更多的創作靈感和參考。設計師們可以透過 Sora 技術生成的影片，瞭解不同的設計風格和表現手法，從而拓展自己的創作思路，這種創新的表達方式能夠激發設計師的創造力，幫助他們超越傳統的設計邊界。

簡單來說，Sora 讓設計師能夠更快將想法轉化為視覺呈現，這意謂著設計師可以更靈活表達他們的創意，更快探索不同的設計方案，從而提高設計的效率和品質。特別是 Sora 還能夠生成具有精細複雜場景、生動角色表情和複雜鏡頭運動的影片內容，這為設計師提供了更多的設計專案和可能性。

在產品涉及領域，設計師可利用 Sora 快速生成多樣化的產品演示影片，展示產品的功能和特點，例如：假設設計師需要展示一款新型智慧手錶的功能和操作介面，他們可以透過 Sora 生成一個生動的演示影片，展示手錶在不同場景下的使用情況、操作介面的互動效果等，這樣的演示影片不僅能夠吸引使用者的注意，還能幫助使用者更加瞭解產品的特點和優勢，從而提高產品的認知度和使用者體驗。

Sora 還可以成為設計師提供修復和完善設計作品的工具。在設計過程中，有時會出現一些細節缺失或需要進一步完善的情況，而 Sora 的出現，可以幫助設計師快速填補這些缺失。舉例而言，在動畫製作過程中，可能會出現某些鏡頭的轉場不夠流暢或者某些細節的缺失，設計師可利用 Sora 生成相應的動畫影格，來修復或完善這些細節，從而提升動畫的品質和完整性，這種修復和完善的過程可以十分節省設計師的時間和精力，同時也提高設計作品的整體效果和品質。

從客戶的角度來看，根據設計師的指令快速生成設計的影片展示，Sora 也為客戶提供了一種更加直觀和生動的體驗方式。相較於靜態的影像或平面圖，影片能夠更好地展示空間的流動性、功能性以及設計的細節，幫助客戶更加準確理解和感受設計師的構想，這種改善的客戶體驗不僅有助於增強客戶的信任和滿意度，也能夠促進設計師與客戶之間的溝通和理解。

可以說，Sora 的誕生，代表著設計產業進入了一個新紀元。Sora 不僅拓展了設計師的創意想像力，提高設計的效率和品質，還進一步創新設計表達，從而推動設計產業的發展和進步。設計師們可利用 Sora 創造出更加生動、多樣化的設計作品，為使用者帶來更好的體驗和感受。

4.7 當 Sora 對上新聞業

現今，當人們提及 GPT，總會想到它透過人類的語言來理解及互動於這個世界，而隨著 Sora 的亮相，這一領域再次迎來了革新。如果說 GPT 是語言的大師，那麼 Sora 就是一個多模態資料的通才，它透過影片、圖片等多種資料

形式來更全面理解世界。Sora 作為生成式 AI 的新里程碑，為新聞傳媒產業帶來了巨大的挑戰和機遇。

4.7.1　Sora 對新聞業只有壞處？

Sora 的誕生，讓新聞工作者都捏了一把汗。Sora 為新聞業帶來的最大危險，就在於影片內容的深度造偽風險。

在早期的圖文時代，都說「有圖有真相」，但技術的發展讓圖片可以編輯，甚至可以直接用 AI 生成，雖然圖文不可信了，但影片是可信的，而 Sora 的誕生，卻讓影片也可以直接生成了，並且還非常逼真。美國巨星泰勒絲（Taylor Swift）就曾被深度偽造色情內容而引發輿論關注，X（原名「Twitter」）也被迫禁止使用者對她名字的檢索。

過於逼真的 AI 影片很有可能造成假新聞氾濫，為新聞倫理和新聞治理帶來巨大挑戰。究其原因，新聞報導追求的是真實（facts），而 Sora 卻是完全虛擬（fictional）的，隨著 Sora 的應用權下放，每個使用者都可以根據自己對於事件的理解，來生成以假亂真的影片，資訊的真相就會變得更加撲朔迷離。當面對一些具有指向性的影片資訊，不論是大眾人物或是自媒體，利用普通大眾很難判斷真實性的缺陷，聲稱影片為深度偽造或真實所得，以求躲避輿論譴責、混淆視聽，將可能變成操縱輿論的常用套路。即使專業機構傳遞真實資訊，但受眾對於新聞資訊本能的選擇性心理，仍會使得事實核查的結果很難做到反轉真相，導致真相權威的重構。

此外，英國技術哲學家大衛・科林格里奇在《技術的社會控制》中指出，一項技術如果因噎廢食、過早控制，那麼技術很可能就難以得到發展；反之，如果控制過晚，已經成為整個經濟和社會結構的一部分，就可能陷入泥沼，

難以解決、甚至無法解決，這種技術控制的兩難困境被稱之為「科林格里奇困境」，而現今這種困境也在 GPT、Sora 等大模型上出現了，不管是演算法黑箱還是資料管理把關，甚至是科技公司與使用者與監管部門的資訊不對稱，都讓生成式 AI 深陷這一困境。

事實上，演算法黑箱背後的隱私問題、社會控制問題及輿論問題等，早已引起新聞傳播產業的關注；大數據可能帶來數位侵權、刻板印象和偏見、意識形態問題等，也引起了許多爭議。雖然 OpenAI 沒有公布訓練 Sora 所使用的資料庫，但根據人工智慧研究專家推測，Open AI 除了使用真實拍攝的影片，例如：從 YouTube 等影片網站抓取或從其影片庫中獲得授權的影片外，還可能使用了影片遊戲引擎中生成的合成影片資料。從樣片來看，這個資料庫一定超級龐大，涵蓋了各種影片主題、風格和流派，很多已有的影片帶有明顯的傾向性，以這些影片為訓練資料而生成的新影片，如果在新聞媒體領域進行廣泛傳播，很有可能會進一步加深刻板印象，加強現有的社會各方面的不平衡，帶來更多的文化衝突。

更棘手的是，從平台演算法開始到現在的人工智慧，由於涉及到巨量資料、極為複雜的演算法，以及眾多使用者與 ChatGPT 及 Sora 的個性化互動，即使是人工智慧專家，也無法精確預測和解釋人工智慧給出的每一個輸出背後的原因，這對 AI 的規制帶來了前所未有的挑戰。

4.7.2　是挑戰也是機遇

技術是中立的，只不過技術的使用會受到我們價值觀的影響。Sora 對新聞業帶來的風險不可忽視，但其積極影響同樣值得關注。

在新聞時效性上，要知道一場突發的火災、交通事故等事件，往往需要新聞機構迅速反應，向大眾傳遞現場資訊。藉由 Sora 模型，新聞機構可以在幾

分鐘內生成一段生動的現場影片，從而極大提高新聞生產的效率，滿足觀眾對即時影片新聞的需求。而且，傳統的新聞報導通常受限於拍攝設備、拍攝地點和拍攝時間等因素，傳統的文字報導也可能難以真實地再現事件的場景和情況，但 Sora 則可以生成任意場景、任意角度的影片內容，從而增加新聞報導的多樣性和靈活性。新聞機構可以更加自由地展現新聞事件的全貌，提供更加深入、全面的報導。

長期來看，Sora 的問世，讓新聞工作者可利用 AI 工具進行視覺敘事，提供一個生成新聞報導或解釋性影片新聞的強大解決方案。傳統上，新聞報導主要依靠文字和靜態圖片進行傳播，而有了 Sora，新聞工作者可以更加生動地呈現新聞事件，透過影片的形式來展示事件的場景和細節，這不僅能夠使新聞報導更具吸引力和說服力，還能夠幫助觀眾更直觀地理解新聞事件，提升新聞傳播的傳播效力。

Sora 可以讓新聞從業者從繁重且重複的勞動中解放出來，提高工作效率。傳統的影片製作過程通常需要花費大量的人力和時間，而有了 Sora，新聞工作者可以更快生成影片內容，從而更快報導新聞事件。這意謂著他們可以將更多的時間和精力投入到新聞報導的策劃、深化和挖掘等方面，從而提高新聞報導的品質和深度，對新聞產業的發展和進步具有重要的意義。

此外，Sora 還將為新聞傳播業賦予更強的包容性，特別是對於語言理解障礙的人群，這些人群可能因為語言溝通障礙，而無法有效理解書面文字的新聞報導，但影片形式的報導，會更具有直觀性和可理解性，相較於傳統的文字報導或靜態圖片，影片形式的報導更加生動直觀，能夠更好地展現事件的場景和細節。而基於 Sora，新聞語言或許可以有契機廣泛變換為影片新聞或是即時手語影片，從而讓更多的人能夠參與到新聞傳播中來，實現資訊的更

廣泛傳播和共用。相較於傳統的預先長期動畫製造等方法，Sora 有望衝破以往的人力、物力及時間的壁壘，為新聞傳播業賦予更強的包容性。

不論是從新聞展現力的角度來說，還是從新聞製作過程簡易程度的角度來說，將 Sora 等影片生成式 AI 嵌入到新聞生產過程中，似乎已是必然。隨著人工智慧技術的不斷發展和普及，影片生成技術將成為新聞產業不可或缺的一部分，新聞機構可利用這一技術快速生成多樣化的影片內容，滿足不同受眾群體的需求，提升新聞報導的多樣性和包容性，這將為新聞產業帶來一場巨大的升級，推動新聞傳播業生產力的提升，實現新聞報導的更廣泛傳播和影響。

Sora 的橫空出世，讓我們見識到生成式 AI 技術的不斷進步，其發展速度也超越了我們的預想設定。展望未來，Sora 等生成式 AI 會嵌入新聞傳播體系，甚至會成為社會資訊傳播系統的一部分，我們不僅要警惕技術的反面作用，也需要正視技術的正向作用，Sora 是挑戰，也是機遇，一切都才剛剛開始。

4.8　下一個科學大爆發的時代

Sora 的技術進步令人振奮，同時引起了科研人員的廣泛關注。科學的發展是一個不斷猜想、不斷檢驗的過程，在科學研究當中，研究者需要先提出假設，然後根據這個假設去建構實驗、蒐集資料，並透過實驗來對假設進行檢驗。在這個過程中，研究者需要進行大量的計算、模擬和證明，Sora 有望透過直觀的影片內容，使各種複雜資訊的傳遞變得更加高效和易於理解，進一步提升科學研究的效率。

4.8.1　科研領域的新生產力

事實上，在 Sora 之前誕生的 GPT，已經對科研領域產生了極大影響。一方面，GPT 可以提高學術研究基礎資料的檢索和整合效率，例如：一些審查工作，GPT 可以快速搞定，而研究人員就能更加專注於實驗本身。現在 GPT 已經成為了許多學者的數位助手，計算生物學家 Casey Greene 等人，就用 GPT 來修改論文，GPT 5 分鐘就能審查完一份手稿，甚至連參考文獻部分的問題也能發現；神經生物學家 Almira Osmanovic Thunström 覺得語言大模型可以被用來幫學者們寫經費申請，科學家們能節省更多時間出來。當然，GPT 在現階段僅能做有限的資訊整合和寫作，但無法代替深度、原創性的研究，因此 GPT 可以反向激勵學術研究者展開更有深度的研究。

面對 GPT 在學術領域發起的衝擊，我們不得不承認的一個事實是，在人類世界當中，有很多工作是無效的。例如：當我們無法辨別文章是機器寫的還是人寫的時候，說明這些文章已經沒有存在的價值了。而 GPT 正是推動學術界進行改變創新的推動力，GPT 能夠瓦解那些形式主義的文字，包括各種報告、大多數的論文，人類也能夠借 GPT 創造出真正有價值和貢獻的研究。

另一方面，GPT 還可以成為科研領域的直接生產力，例如：2023 年 6 月，紐約大學 Tandon 工程學院的研究人員就透過 GPT-4 造出了一個晶片。具體來說，GPT-4 透過來回對話，就生成了可行的 Verilog（晶片設計和製造中非常重要的一部分程式碼），隨後研究人員將基準測試和處理器發送到 Skywater 130 nm 穿梭機上成功流片（tapeout），而根據 GPT-4 所設計的晶片方案進行生產後，獲得的結果是一個完全符合商業標準的產品。要知道，一直以來，晶片產業就被認為是門檻高、投入大、技術含量極高的領域。在沒有專業知識的情況下，人們是無法參與晶片設計的，但 GPT 卻史無前例地做到了。

這意謂著，在 GPT 的幫助下，晶片設計產業的大難題—硬體描述語言（HDL）將被攻克，因為 HDL 程式碼需要非常專業的知識，對很多工程師來說，想要掌握它們非常困難。如果 GPT 可以替代 HDL 的工作，工程師就可以把精力集中在攻克更有用的事情上。晶片開發的速度將大幅加快，並且晶片設計的門檻也被大幅降低，沒有專業技能的人都可以設計晶片了。

2023 年 12 月，CMU 和 Emerald Cloud Lab 的研究團隊還基於 GPT-4，開發了一種全新自動化 AI 系統—Coscientist，它可以設計、編碼和執行多種反應，完全實現了化學實驗室的自動化。實驗評測中，Coscientist 利用 GPT-4，在人類的提示下檢索化學文獻，成功設計出一個反應途徑來合成一個分子，更令人震驚的是 Coscientist 在短短 4 分鐘內，一次性重現了諾貝爾獎研究。具體來說，全新 AI 系統在六個不同任務中呈現了加速化學研究的潛力，其中包括成功優化鈀催化偶聯反應。可以說，作為大語言模型，GPT 極大提高了科研領域的工作效率，成為了科學研究的新生產力。

4.8.2　Sora 能為科研帶來什麼

不同於 GPT 的大語言模型，Sora 則是作為一種文字到影片的視覺化工具，在科研領域中發揮作用。

📽 資料視覺化方面

在資料視覺化革新方面，傳統的資料視覺化方法通常依賴於靜態的圖表、影像或動畫，雖然能夠呈現資料的基本特徵，但對於複雜的資料結構和關係的表達存在一定的侷限性。而 Sora 能夠將複雜的資料集轉換為直觀的影片內容，極大簡化了資料解讀過程。例如：在氣候科學研究中，Sora 可以將巨量的氣候變化資料轉換為展示地球溫度變化的動態影片，透過時間軸的動態展

示，觀察地球溫度的變化趨勢和分布情況，使得這些複雜的資料變得易於理解。

更重要的是，除了在資料視覺化方面展現優勢，Sora 還能透過對歷史資料的深度學習和分析，來幫助研究人員預測未來的趨勢和模式，因為 Sora 不僅是一個 AI 影片生成工具，更被認為是一個世界模型。

我們都知道疫情的爆發和傳播是一個複雜的動態過程，但往往具有一定的規律性和趨勢，而透過利用 Sora 對歷史疫情資料進行深度學習和分析，研究人員可以識別出不同疫情的傳播模式、影響因素及發展趨勢。基於這些資料分析結果，他們可利用 Sora 進行預測，推測未來可能的疫情爆發時間、地點和規模，從而有針對性地制定疫情防控策略，提前做好準備和應對，減少疫情造成的損失。

📽 環境保護方面

在環境保護領域，Sora 也可以幫助研究人員預測氣候變化趨勢、自然災害發生的可能性以及生物多樣性的變化情況。透過對歷史氣候資料、地質資料和生態資料的深度學習和分析，Sora 可以識別出不同環境變化的規律和趨勢，並進行未來的預測，這些預測結果可以為環境保護工作者提供重要參考，幫助他們制定有效的環境保護政策和措施，減少對自然環境的破壞和污染。

Sora 的應用，將進一步提升科學研究的效率，過去研究人員往往需要花費大量的時間和精力來處理和分析龐大複雜的資料集，這是一項枯燥而耗時的任務，但是透過利用 Sora 這樣的文字到影片工具，研究人員可以將更多時間和精力集中在核心研究活動上，而不是資料處理和分析上。

一方面，因為 Sora 具有高效的資料處理能力，可以迅速將龐大的資料集轉換為有用的資訊和洞察。無論資料集有多龐大複雜，Sora 都能夠以極快的速度進行處理和分析，從而節省了研究人員大量的時間和精力，這種高效的資料處理能力，使得研究人員能夠更快獲取研究結果和發現，加速研究過程；另一方面，透過使用 Sora，研究人員可以更深入探索資料集，發現其中的規律和趨勢，從而得出更加準確和可靠的結論。

更重要的是 Sora 的出現，使得研究人員能夠在更短的時間內探索更多的假設和理論。傳統上，資料處理和分析往往是研究過程中最為耗時的環節，限制了研究人員對更多假設和理論的探索，但是透過使用 Sora，研究人員可以在比較短的時間內，就完成資料處理和分析，從而有更多的時間和精力，來探索更多的假設和理論。

📋 科學研究方面

在科學研究領域，將複雜的概念和資料以易於理解的形式呈現給大眾和非專業觀眾，一直是一項挑戰。傳統的方法通常依賴於文字描述、靜態圖表或影像，但這些方式可能難以準確地表達複雜的概念，尤其是對於非專業觀眾來說，然而基於 AI 影片生成，Sora 可以將複雜的科學概念轉化為直觀的影片內容，極大提升科學傳播的效率和效果。這種視覺化方式使得抽象的概念變得更加具體和生動，讓觀眾可以直觀地理解和感知科學概念。

舉例而言，在天體物理學領域，Sora 可以將宇宙演化的複雜理論和模型，轉化為動態的影片內容，觀眾可以透過觀看這些影片，來瞭解宇宙大爆炸後的演化過程、星系的形成和演化、黑洞的形成等複雜概念，使得天體物理學的知識更加直觀和易於理解。

而在分子生物學領域，Sora 可以將細胞內部的生物化學過程、蛋白質合成和細胞分裂等複雜概念，轉化為動態的影片內容。透過觀看這些影片，非專業觀眾可以更加理解細胞的結構和功能，以及生物體內部的微觀世界。這種直觀的表達方式有助於激發大眾對科學的興趣，促進科學知識的普及和教育。可以說，從 GPT 到 Sora，在人工智慧的推動下，下一個科學大爆發的時代已經不再遙遠。

4.9　教育界的大浪淘沙

任何一次技術的革新，都會對教育帶來衝擊，從印刷機到答錄機、電視機，再到網際網路、行動互聯數位化，可以說，科學技術的進步和教育的發展如影隨形。現今，Sora 作為人工智慧領域的一項創新突破，對教育領域產生影響，也是必然和顯而易見的，除了可能改變教育形式外，以 Sora 為代表的智慧技術所帶來的更深層次的衝擊，是對我們的教育體系提出了新的挑戰。

4.9.1　情境化教學到來

Sora 的誕生，最直接受到衝擊或發生改變的一定是教學方式。事實上，對於任何一項新技術都是如此，教育領域一直是技術創新的一個重要應用領域，而 Sora 作為一種文字生成影片大模型，其強大的生成能力和逼真的視覺效果，已經為教學帶來了全新的可能性。

從教學內容的呈現方式來看，傳統的教學方式往往依賴於文字和圖片來傳達知識，而這種方式可能會限制學生對於抽象概念和複雜過程的理解，但有

了 Sora，教師就可利用其生成的逼真影片來呈現教學內容，使得學生可以視覺的方式直觀感受和理解知識。

舉例而言，在地理課上，教師可利用 Sora 生成的影片，展示各種地理景觀和自然現象，如壯麗的山脈、遼闊的草原及澎湃的河流，透過影片的觀看，學生可以彷彿置身於實地探索之中，深入瞭解地球的壯麗景觀。

此外，傳統的教學方式往往受到時間和空間的限制，難以將抽象的概念和複雜的過程直觀地呈現給學生。而有了 Sora，教師可利用其生成的影片，來創造豐富多彩的教學場景，使得學生可以更加全面理解和掌握知識，特別是對於一些核心概念，基於 Sora，透過視覺化的學習體驗，學生就可以將抽象的概念轉化為具體的影像和經驗，從而更容易理解和記憶。例如：對於生物內容，教師可利用 Sora 生成的影片展示生物體的結構和功能，以及不同生物之間的相互作用，透過觀看這些影片，學生可以更加直觀地理解生物學的知識，從而提高他們的學習效果和成績。

當然，改變教學內容的呈現方式，還只是 Sora 在教育領域最基礎、最直接的應用，進一步來看，憑藉 Sora 生成影片的強大能力，Sora 還為情境化教學提供了可能。所謂「情境化教學」，就是將學習置身於真實情境中，讓學習與學生的現實生活緊密關聯，幫助學生獲得解決實際問題的能力。情境化學習、跨學科學習、主題性學習、專案式學習和學科實踐等教學方法，都與創設情境密切相關，在這樣的基礎上，Sora 作為一種影片生成工具，被 OpenAI 命名為世界模擬器，幾乎可以生成人們想像得到和無法想像的任何逼真影片，具有創設情境的天然優勢，所有的學科和知識點都可以在 Sora 中創設情境，這也使得 Sora 有望成為情境化教學的得力助手。

例如：化學反應可以被生成影片，並且透過改變化學元素的變數，產生不同的反應結果。此外，抽象的物理推理和數學模型也可以被生成直觀的影

片，Sora 可以讓這些原理在具體情境中發生多樣態的變化，這意謂著 Sora 不僅可以在教學中用於模擬實驗和演示，還可以幫助學生更深入理解和應用這些理論知識。

文學體驗情境、歷史場景、氣候變化和天體運行等情境，在教學中都可以被利用，而 Sora 可以生成這些情境且無限豐富，使得教學更加生動和具體。舉例而言，李白有一首名詩《蜀道難》，即使詩仙李白的詩冠絕群雄，達到人類的語言巔峰，可是對於「難於上青天」、「連峰去天不盈尺，枯松倒掛倚絕壁」這些詩句，如果我們連山都沒見過，又怎麼能理解詩句？這時 Sora 若能根據詩文直接生成影片，讓學生身歷其境地體驗作品的內涵和情感，我們就可能對這首詩有著完全不一樣的理解。還有，對於一些歷史知識，教師可利用 Sora 生成的影片重現歷史事件和人物，幫助學生更直觀地理解歷史的發展和影響。

可以看到，Sora 的誕生，不僅僅是簡單的教學內容呈現方式的改變，也改變了教學過程的互動性和參與度。過去到現在，我們的教學過程都是單向的教師向學生傳授知識，而學生則被動接受，但在未來，教師完全可利用 Sora 生成的影片內容與學生進行互動，讓學生參與到教學過程中。教師利用 Sora 生成的影片進行課堂互動，提出問題並讓學生透過觀看影片來尋找答案，從而增強學生的參與度和學習積極性。

Sora 也改變了教學資源的獲取和利用方式。傳統的教學資源主要依賴於教科書和教師講義，而有了 Sora，教師可利用其生成的影片內容來豐富教學資源。教師根據教學需要，自行利用 Sora 生成相關的教學影片，也可從已有的影片庫中，選擇適合的影片進行教學，這種多樣化的教學資源不僅能夠滿足不同的教學需求，還能夠提高教學效果和教學品質。

4.9.2　極待轉向的教育

如果把 Sora 等大模型僅僅看作為一個輔助教學的工具，那就與以往教學工具變化沒有多大的區別，而忽略了 AI 的革命性意義。要知道，Sora 代表的不僅是可擬合更多真實物理定律的數位學生世界走進人類社會，更是一種智慧技術的智慧湧現。

如果 Sora 廣泛應用，世界的呈現方式會發生巨大的變化，每個人不僅是影片產品的使用者，也是創作者。在印刷機時代、電視機時代和網際網路時代形成的學科知識的呈現方式將發生變化，AI 既是學習的工具，也是學習的內容，傳統的知識觀將發生變化，在這種新的知識觀下，什麼才是我們要培養的能力、什麼是核心素養、什麼是全面發展等，都需要重新定義。

事實上，現代教育從觀念到制度都肇始於工業文明，工業文明之前，教育沒有統一的學習內容，沒有統一的學制和大規模集中教學，正是工業化從教育內容到教育形式，對古典教育進行了系統性顛覆。在工業化背景下，我們建立了一套高度完備的組織化學校教育體系，在這個教育體系裡，知識是確定的，學習內容是統一的，能力培養的標準是可測量的，學生無論興趣、好惡、智愚如何差異，都要按照統一進度進行教學，教育變成一個如同產品加工的流程。

現今，不得不功利地承認，我們很多時候的教育只是為了讓孩子有一份更好的工作，就連就業的潛在假設是高校培養的人與工作世界的職位存在對應關係，只要畢業生能勝任工作崗位，就可以實現「人職」匹配。可以說，高等教育的目標之一，就是為學生提供良好的職業發展機會，使他們能夠在畢業後順利就業，並適應工作環境。

　　然而，以就業為切入點，反映了高等教育作為供給方的立場，但卻容易忽視工作世界作為需求方的變化。從技術的角度來看，一方面 GPT 和 Sora 等人工智慧技術的出現，已經很大程度上改變職業的需求，特別是一些有規律與有規則的職位需求正在減少，而另一些新興領域的需求則增加；另一方面，隨著人工智慧技術在各行各業的應用，工作的自動化和智慧化程度不斷提高，傳統的就業模式和職業結構也發生了深刻的變化，這使得畢業生面臨著更大的就業壓力和挑戰，需要不斷提升自己的專業能力和適應能力，以適應快速變化的就業市場。

　　工作世界作為需求方的變化，也提示著高等教育作為供給方，必須要儘快轉向。舉例而言，現今不少大學都開設了影視製作、動畫設計、多媒體設計、數位媒體藝術等專業，但 Sora 的到來，可能會使得學習了四年的專業技藝的學生們，比不上一個懂得如何指揮 AI 的門外漢，因此高等教育需要做更多的事，來幫助人們瞭解他們的世界正在發生何種根本性變化，並且要最大程度地教授這個時代的學生們掌握這些技術的應用，透過對這些先進技術工具的使用，來提升工作效能或是從中挖掘出新的商業機會。

　　當然，不僅僅是高等教育，在人工智慧時代，我們的教育至少要往三個方面轉向。

🎬 轉向①：教育內容需要包含如何熟練使用人工智慧這一強大工具

　　正如汽車出現一樣，我們人類所要做的事情並不是去擔心汽車是不是速度太快，或者速度沒有馬車快，還是汽車會對人類社會帶來難以預計的危害，我們所要做的事情是儘快學習使用與駕駛汽車，而不是抱著馬車來擔心汽車的危害。

現今，不管是 GPT 還是 Sora，都還只是人工智慧表現出矽基智慧化的一個起點，而當我們進入通用人工智慧時代，就意謂著人類社會的一切都將被人工智慧改造一遍，並且人工智慧會比以往任何一個時代的工業革命所帶來的變革影響更大、更深遠。也就是說，我們人類社會一切有規律與有規則的工作，包括有規律與有規則的知識，人工智慧都可以取代我們人類，並且成為我們生活中的通用專家助手。

不論是醫師、會計師、律師、審計師、設計師、建築師、心理諮詢師，以及保姆、廚師等職業，人工智慧都能以比我們人類更優秀的能力勝任，這就意謂著我們人類只要熟練的掌握與使用人工智慧，就可以藉由人工智慧，幫助我們成為多領域的專家。因此，在人工智慧時代中，掌握使用人工智慧，遠比我們掌握一些專業領域的知識與技能本身更重要。

📽 轉向②：人工智慧時代的教育需要不斷挖掘我們人類獨有的特性

正如工業革命所引發的產業變革一樣，將我們人類從農耕靠天吃飯的時代，直接帶入到了依靠工業技術實現批量複製生產，並且可以實現 24 小時全年無休的生產時代一樣，我們人類一定不是去和工業自動化生產比拼產品的組裝速度與效率，而我們跟機器比拼的是我們人類熟練管理與使用機器的能力。

同樣的，在人工智慧時代中，我們人類跟人工智慧比拼的一定不是人類社會已有的知識、記憶與技能，也不是診斷疾病的準確率有多高，或者我們的外科手術切口有多完美，而是我們人類獨有的創造力與創新能力。也就是說，我們人類藉由人工智慧，幫助我們完成人類社會一切基礎性事物的同

時，我們憑藉著人類獨有的創新力、創造力與學習能力，不斷地向前探索、研究，並且不斷地將最新的研究成果重新賦能與提升人工智慧的能力。

📽 轉向③：在人工智慧時代，教育的核心在啟發

如何藉由各種技術、自然的各種知識，透過一些可觸摸的方式，啟發我們對於知識的探索精神與好奇心，當我們對這些知識有了好奇心之後，藉由人工智慧這個強大的知識助手，結合虛擬實境技術、虛擬成像技術及 3D 列印技術，我們就能將理論的知識學習或者我們基於知識的一些想像具象化。而我們藉由這些具象化的表現，就能不斷激發我們的探索精神，不斷啟發我們的想像力。要想在人工智慧時代獲得發展，我們當下的教育一定不是圍繞著刷題，或者將孩子培養成知識複讀機與解題機。

走向未來，技術的變革只會越來越快，前面沒有歷史可以參照，因此改變我們的教育方式，已經成為了一項必要選項，而不是可選選項。幸運的是，人工智慧時代中，我們與機器競爭的並不是我們的知識與考試能力，也不是我們製造與產品的組裝能力，而是我們人類獨有的特性，如何透過教育來進一步發揮我們的人類獨有的創新力、想像力、創造力、同理心與學習力，將成為未來教育的核心。

4.10 未來屬於擁抱技術的人

從人工智慧的概念誕生至今，人工智慧取代人類的可能性已被反覆討論。人工智慧能夠深刻改變人類生產和生活方式，推動社會生產力的整體躍升，同時人工智慧的廣泛應用對就業市場帶來的影響，也引發了社會高度關注。

2023 年初，GPT 橫空出世兩個多月後，這一憂慮就被進一步放大，這種擔憂不無道理，人工智慧的突破，意謂著各種工作崗位岌岌可危，技術性失業的威脅迫在眉睫。聯合國貿易和發展會議（UNCTAD）官網曾刊登的文章《人工智慧聊天機器人 GPT 如何影響工作就業》稱：「與大多數影響工作場所的技術革命一樣，聊天機器人有可能帶來贏家和輸家，並將影響藍領和白領工人」。

一年後，2024 年初，Sora 的問世再次引發了廣泛的討論。不管承認與否，人工智慧的進化速度都越來越快了，與此同時，人工智慧替換人工的速度似乎也越來越快了。

4.10.1　人工智慧加速換人

自第一次工業革命以來，從機械織布機到內燃機，再到第一台電腦，新技術出現總是引起人們對於被機器取代的恐慌。在 1820 年至 1913 年的兩次工業革命期間，僱傭於農業部門的美國勞動力份額從 70% 下降到 27.5%，目前不到 2%，許多發展中國家也經歷著類似的變化，甚至更快結構轉型。根據國際勞工組織的資料，中國的農業就業比例從 1970 年的 80.8% 下降到 2015 年的 28.3%。

面對第四次工業革命中人工智慧技術的興起，2016 年 12 月美國研究機構發布報告稱：「未來 10 到 20 年內，因人工智慧技術而被替代的工作崗位數量，將由目前的 9% 上升到 47%」。麥肯錫全球研究院的報告則顯示，預計到 2055 年，自動化和人工智慧將取代全球 49% 的有薪工作，其中預計印度和中國受影響可能會最大，麥肯錫全球研究院預測中國具備自動化潛力的工作內容達到 51%，這將對相當於 3.94 億全職人力工時產生衝擊。

從人工智慧代替就業的具體內容來看，不僅絕大部分的標準化、程式化勞動可以透過人工智慧完成，在人工智慧技術領域甚至連非標準化勞動都將受到衝擊。正如馬克思所言：「勞動資料一作為機器出現，就立刻成了工人本身的競爭者」。牛津大學教授卡爾・弗瑞（Carl Benedikt Frey）和邁克爾・奧斯伯恩（Michael A.Osborne）就曾在兩人合寫的文章中預測，未來 20 年約 47%的美國就業人員對自動化技術的抵抗力偏弱，也就是說，白領階層同樣會受到與藍領階層相似的衝擊。

事實也的確如此，GPT 就證明了這一點，當然這也是因為 GPT 能做很多事情。例如：透過理解和學習人類語言，來與人類進行對話；根據文字輸入和上下文內容，產生相應的智慧回答，就像人類之間的聊天一樣進行交流；GPT 還可以代替人類完成編寫程式碼、設計文案、撰寫論文、機器翻譯、回覆郵件等多種任務。可以說，讓 GPT 來幹活，已經不單單是更聽話、更高效、更便宜，而是比人類做得更好。

🎬 人工智慧將取代人類社會一切有規律與有規則的工作

GPT 的出現和應用，讓我們明確看到的一件事就是「人工智慧將取代人類社會一切有規律與有規則的工作」。過去，在我們大多數人的預期裡，AI 至多會取代一些體力勞動或簡單重複的腦力勞動，但是 GPT 的快速發展，讓我們看到連程式師、編劇、教師、作家的工作，都可以被 AI 取代了。

技術工作

GPT 等先進技術可以比人類更快生成程式碼，這意謂著未來可以用更少的員工完成一項工作。要知道，許多程式碼具備複製性和通用性，這些可複製、可通用的程式碼都能由 GPT 所完成，GPT 的母公司 OpenAI 已經考慮用人工智慧取代軟體工程師。

客戶服務產業工作

幾乎每個人都有過給公司客服打電話或聊天，然後被機器人接聽的經歷，未來 GPT 或許會大規模取代人工線上客服。如果一家公司中原來需要 100 個線上客服，以後可能就只需要 2-3 個線上客服就夠了，90% 以上的問題都可以交給 GPT 去回答，因為後台可以給 GPT 投餵產業內所有的客服資料，包括售後服務與客戶投訴的處理，根據企業過往所處理的經驗，它會回答它所知道的一切。科技研究公司 Gartner 的一項 2022 年研究預測，到 2027 年，聊天機器人將成為約 25% 的公司的主要客戶服務管道。

法律產業工作

與新聞產業一樣，法律產業工作者需要綜合所學內容、消化大量資訊，然後透過撰寫法律摘要或意見，使內容易於理解，這些資料本質上是非常結構化的，這也正是 GPT 的擅長所在。從技術層面來看，只要我們給 GPT 開發足夠的法律資料庫及過往的訴訟案例，GPT 就能在非常短的時間內掌握這些知識，並且其專業度可以超越法律領域的專業人士。

目前，人類社會重複性的、事務性的工作已經在被人工智慧取代的路上，而 Sora 的出現，還將進一步擴大被取代的工作範圍。例如：對於一些簡單的影片編輯工作，包括剪輯、添加字幕、轉場等，Sora 都可以自動化完成。對於產品的演示和說明影片，特別是產品特點和功能較為固定的情況下，Sora 可以幫助企業快速生成相應的影片內容，降低對專業影片製作人員的依賴。對於一些社交媒體平台上的內容創作，例如：影音、動態海報等，Sora 可以幫助使用者快速生成內容。可以預期，未來人類社會一切有規律與有規則的工作都將被人工智慧所取代，而隨著人工智慧的快速迭代，人工智慧取代人類社會工作的速度只會越來越快。

4.10.2　堅持開放，擁抱變化

變化是人生的常態，個人的意願並無法阻止變化來臨，如燈夫無法阻擋電的普及、馬車夫無法阻止汽車的普及、打字員無法阻止個人電腦的普及，這些變化可說是時代趨勢，為個人帶來的危機，也可以說是機遇。

2023 年 3 月 20 日，OpenAI 研究人員提交了一篇報告，在這篇報告中，OpenAI 根據人員職業與 GPT 能力的對應程度來進行評估，研究結果表明，在 80% 的工作中，至少有 10% 的工作任務在某種程度上將受到 ChatGPT 的影響。值得一提的是，這篇報告裡提到了一個概念—「暴露」，就是說使用 ChatGPT 或相關工具，在保證品質的情況下，能否減少完成工作的時間。「暴露」不等於「被取代」，它就像「影響」一樣，是個中性詞。

也就是說，ChatGPT 或許能為某些環節節省時間，但不會讓全流程自動化，例如：數學家陶哲軒就用多種 AI 工具來簡化自己的工作內容。這為我們帶來一個重要啟示，那就是我們需要改變我們的工作模式，去適應人工智慧時代。就目前而言，人工智慧依然是人類的效率和生產力工具，人工智慧可利用其在速度、準確性、持續性等方面的優勢來負責重複性的工作，而人類依然需要負責對技能性、創造性、靈活性要求比較高的部分。

因此，如何利用 AI 為我們的生活和工作賦能（Enabling），就成為了一個重要的問題。也就是說，即使是 GPT 和 Sora，本質上都仍然只是一種技術的延伸，就像為人類安裝上一雙機械臂，當我們面對這項技術的發展時，需要做到的是去瞭解它、接觸它、去瞭解其背後的邏輯。無知帶來恐懼，模糊帶來焦慮，當我們對新技術背後的生成邏輯有足夠認識的時候，恐懼感自然會消失。

再進一步，我們就可以學習怎樣充分利用它，如何利用人工智慧為自己的生活和工作帶來積極的作用，提升效率。再往後，我們甚至可以從自己的角度去訓練它、改進它，讓人工智慧成為我們的生活或工作助手。與此同時，人工智慧的發展也會為人類社會帶來新的工作機會，歷史的規律便是如此，科技的發展在取代一部分傳統工作的同時，也會創造出一些新的工作。

事實上，對於自動化的恐慌，在人類歷史上也並非第一次，自從現代經濟成長開始，人們就週期性地遭受被機器取代的強烈恐慌。幾百年來，這種擔憂最後總被證明是虛驚一場，儘管多年來技術進步源源不斷，但總會產生新的人類工作需求，足以避免出現大量永久失業的人群。舉例而言，過去會有專門的法律工作者從事法律檔案的檢索工作，但自從引進能夠分析檢索巨量法律檔案的軟體之後，時間成本大幅下降而需求量大增，因此法律工作者的就業情況不降反升，因為法律工作者可以從事更為進階的法律分析工作，而不再是簡單的檢索工作。

再例如：ATM 機的出現，曾造成銀行職員的大量裁員。1988 至 2004 年，美國每家銀行的分支機構的職員數量平均從 20 人降至 13 人，但營運每家分支機構的成本降低，這反而讓銀行有足夠的資金去開設更多的分支機構，以滿足顧客需求，因此美國城市裡的銀行分支機構數量在 1988 至 2004 年期間上升了 43%，銀行職員的總體數量也隨之增加。近代一點的例子，還有微信公眾號的出現造成了傳統雜誌社的失業，但也養活了一大幫公眾號寫手，簡單來說，工作崗位的消失和產生，它們本來就是科技發展的一體兩面，兩者是同步的。

過去的歷史表明，技術創新提高了工人的生產力，創造新的產品和市場，進一步在經濟中創造新的就業機會。對於人工智慧而言，歷史的規律可能還會重演，從長遠發展來看，人工智慧正透過降低成本，帶動產業規模擴張和

結構升級，來創造更多新的就業，並且可以讓人類從簡單的重複性勞動中釋放出來，從而讓我們人類有更多的時間體驗生活，有更多的時間從事於思考性、創意性的工作。

德勤公司（Deloitte Touche Tohmatsu）曾分析英國1871年以來技術進步與就業的關係，發現技術進步是創造就業的機器，因為技術進步透過降低生產成本和價格，增加了消費者對商品的需求，從而社會總需求擴張，帶動產業規模擴張和結構升級，創造更多的工作崗位。

從人工智慧開闢的新就業空間來看，人工智慧改變經濟的第一個模式就是透過新的技術創造新的產品來實現新的功能，帶動市場新的消費需求，從而直接創造一批新興產業，並帶動智慧產業的線性成長。中國電子學會研究認為，每生產一台機器人至少可以帶動四類勞動崗位，例如：機器人的研發、生產、配套服務以及品質管理、銷售等工作崗位。

當前，人工智慧發展以大數據驅動為主流模式，在傳統產業智慧化升級過程中，伴隨著大量智慧化專案的落實應用，不僅需要大量資料科學家、演算法工程師等職位，而且由於資料處理環節仍需要大量人工作業，因此對資料清洗、資料標定、資料整合等一般資料處理人員的需求也將大幅度增加，並且人工智慧還將帶動智慧化產業鏈的工作崗位線性成長。人工智慧所引領的智慧化大發展，也必將帶動各相關產業鏈發展，打開上下游就業市場。

此外，隨著物質產品的豐富和人民生活品質的提升，人們對高品質服務和精神消費產品的需求將不斷擴大，對高端個性化服務的需求逐漸上升，將會創造大量新的服務業就業。麥肯錫認為，到2030年，高水準教育和醫療的發展會在全球創造5000萬至8000萬的新增工作需求。

　　從職位技能來看，簡單的重複性勞動將更多被替代，高品質技能型、創意型職位被大量創造，這也是社會在發展和進步的體現，舊的東西被淘汰掉，新的東西取而代之，這就是社會整體在不斷地發展進步。現今，以人工智慧為代表的科技創新，正在使得我們這個社會步入新一輪的加速發展之中，它會更快使舊有的工作被消解掉，從而也更快創造出一些新時代才有的新工作崗位。

Sora 的運算能力突圍

5.1 人類運算能力簡史

人類文明的發展離不開運算能力的進步，在原始人類有了思考後，才產生最初的運算。人類運算能力的發展歷程經歷了部落社會的結繩運算，到農業社會的算盤運算，再到工業時代的電腦運算。而電腦運算也經歷了從 20 世紀 20 年代的繼電器式電腦，到 40 年代的真空管電腦，再到 60 年代的二極體、三極管、電晶體的電腦，其中的電晶體電腦的運算速度可以達到每秒幾十萬次。大型積體電路的出現，使得運算速度在 80 年代達到每秒幾百萬次、甚至幾千萬次，而現今的電腦更是可以達到每秒幾十億、幾百億、甚至幾千億次。

人體生物研究顯示，人的大腦裡面有六個大腦皮質，六個大腦皮質中神經聯繫形成了一個幾何級數，人腦的神經突觸是每秒跳動 200 次，而大腦神經跳動每秒達到 14 億億次，這也讓 14 億億次成為電腦、人工智慧超過人腦的反曲點。而人類智慧的進步，也與人類創造的運算工具的速度密切相關，從這個角度而言，「運算能力」就是人類智慧的核心。

5.1.1 原始時代的人工運算能力

大腦是人類最原生的運算能力工具，依靠大腦所提供的運算能力，我們才得以生存；動物也有大腦，也有運算能力，但是遠遠不如人類強勁。在漫長的進化過程中，人類的大腦越來越發達，最終幫助自己從萬物生靈中脫穎而出。

🎬 結繩記事、刻石記數

當然，僅靠大腦是遠遠不夠的，於是就有了運算能力工具的誕生。對人類來說，最早、也最簡單的運算工具就是用手指，人有兩隻手、十根手指，這

也是為什麼我們習慣使用十進位計數法。用手指計數的方法雖然很簡單，但是運算能力和範圍有限，也無法保存運算結果，於是人類開始藉由外部運算能力工具，例如：草繩、石頭，也就是所謂的「結繩記事」。中國關於「結繩記事」的記載，出自《易經》中的《繫辭下》：「上古結繩而治，後世聖人易之以書契。」就連中國結，也源於「結繩記事」。

算籌

　　草繩、石頭之後，又誕生了算籌，即用長度、粗細都相近的小棍子，透過橫豎不同的擺放方法，來表示 1、2、3、4、5、6、7、8、9 這 9 個數字，並進行運算的方法。這些小棍子一般長 13 至 14 釐米，徑粗 0.2 至 0.3 釐米，用竹子、獸骨和象牙等材料製成。據《孫子算經》記載，算籌記數法則：「凡算之法，先識其位，一縱十橫，百立千僵，千十相望，百萬相當。」西元 480 年，祖沖之把圓周率精確運算到小數點後第七位（3.1415926），採用的工具就是算籌，他的這一紀錄保持了 900 多年。

算盤

　　算籌的出現，解決了數字的表示和保存問題，人們利用算籌可以實現基本的記數，但是對於數字的加減乘除等運算方式，需要消耗大量的小棍子，這種靠擺放來運算的方式就顯得力不從心了，在這樣的情況下，算盤誕生了。在元代後期，算盤憑藉其靈活、準確的優勢，取代了算籌，成為古代乃至近代社會主流的運算工具，並先後流傳到日本、朝鮮及東南亞國家，後來又傳入西方。

納皮爾算籌

　　除了東方之外，在西方歷史上也出現過使用較為廣泛的手動運算工具。1617 年，英國數學家約翰・納皮爾（John Napier）發明了納皮爾乘除器，也

稱為「納皮爾算籌、納皮爾運算尺」，它由十根長條狀的木棍組成，每根木棍從上至下的每個方格內的數字，都表示該木棍第一位數與該方格行號相乘的結果，例如：第 7 根木棍第 3 個方格代表 7 乘以 3 的結果 21。

5.1.2　工業時代的機械運算能力

透過算盤、算籌等手動式運算工具，人類可以完成簡單的數字加減乘除，但依然難以解決資料或運算量較大的問題。而在這個過程中，隨著生產力不斷升級，機械工具逐漸滲透到人類的日常生活和勞作中，新型的機械運算能力工具由此誕生。

📽 滑動運算尺

1625 年，英國數學家威廉‧奧特雷德（William Oughtred）發明了運算尺，運算尺利用了尺和游標之間的比例關係來進行乘除運算，透過將兩個尺放在一起，並使用游標移動，使用者可以快速進行各種數學運算，如乘法、除法、對數和三角函數等。這種簡單且有效的設計，使得運算尺成為了當時數學家和科學家的重要工具。

奧特雷德的運算尺不僅在數學領域取得了成功，還在航海、工程和天文學等領域得到了廣泛應用，特別是在航海領域，運算尺的出現極大提高了導航的準確性和效率，因為它可以用來運算經緯度、航向和航速等重要參數；在工程方面，運算尺幫助工程師們更快進行複雜的結構運算和設計；在天文學中，運算尺被用來解決星體運動和天文現象等問題，為天文學家提供了強大的運算工具。

📽 滾輪式加法器（帕斯卡運算器）

除了運算尺之外，1642 年法國數學家布萊茲・帕斯卡（Blaise Pascal）發明了人類最早的機械運算器。帕斯卡的運算器由一系列的齒輪、滑輪和數字盤組成，使用者可以透過手動旋轉這些零件來進行數位輸入和運算，每次操作都會導致數字盤的移動，從而實現數字的加法或減法，這種設計簡單且精巧，使得人們可以快速、準確地進行數學運算，極大提高了運算效率。

運算尺和運算器的發明，可以輔助完成對數運算、三角函數運算、開根運算等複雜任務，提升了運算效率。17 世紀末到 18 世紀中，德國數學家哥特弗利德・威廉・萊布尼茲（Gottfried Wilhelm Leibniz）等人先後設計和製造了能運算乘法的設備，將運算能力工具提升到更高的層級。

📽 打孔卡

值得一提的是，雖然齒輪、連桿組裝的運算器大幅提高了運算效率，同期也出現過不少類似的運算工具，但是這些運算工具本質上依然沒有突破手動機械的框架，在功能、速度及可靠性等方面仍然有很大的侷限性。為了解決這種限制，人們必須突破手動式操作的思維框架，透過標準化的輸入資訊和機械操控方式來提升運算效率。

在這樣的背景下，1725 年法國人巴斯勒・布喬（Basile Bouchon）發明了一種和機器進行「對話」的表達形式—「打孔卡（穿孔卡）」，打孔卡用於織布機，織布機在編織過程中，編織針會往返滑動，根據打孔卡上的小孔，編織針可以勾起經線（沒有孔，就不勾），從而繪製圖案。換句話說，打孔卡是儲存了圖案程式的記憶體，對織布機進行控制；而打孔卡的發明，代表著人類機械化資訊儲存形式的開端。

1801 年，法國織機工匠約瑟夫‧馬里爾‧雅卡爾（Joseph Marie Jdakacquard）對打孔卡進行了升級，他將打孔卡按照一定順序捆綁，變成了帶狀，創造了穿孔紙帶（Punched Tape）的雛形，這種紙帶被應用於提花織機。

📋 差分機與分析機

在這種模式的啟發下，19 世紀初英國數學家查理斯‧巴貝奇（Charles Babbage）發明了利用機器取代人工作業的工具—「巴貝奇差分機」，這台差分機在 1821 年製造完成，歷時十年，可以進行多種函數運算，運算精度達到了 6 位小數。

1834 年，巴貝奇又提出了一個更大膽的想法，即設計一個以蒸氣為動力的通用數學電腦，能夠自動解算有 100 個變數的複雜算題，每個數可達 25 位，速度可達每秒鐘運算一次，對這種新的設計，巴貝奇稱之為「分析機」。

分析機雖然最終未能製造成功，但分析機中包含很多的設計，例如：輸入和輸出資料的機構以及儲存庫、運算室，都給後來真正的電腦帶來了啟示，因此分析機也被稱為世界上第一台電腦，而巴貝奇則被譽為電腦鼻祖。

5.1.3　資訊時代的電子運算能力

從原始時代到工業時代，技術的發展帶來了運算能力的提升，不過在資訊時代到來之前，雖然運算能力也在持續提升，但是提升的速度卻是非常緩慢的，直到電腦的出現，自此運算能力提升進入了一個爆發式成長的新階段。而爆發式成長的運算能力，不僅對科學技術領域產生深遠的影響，改變人類的生活方式和工作方式，同時也催生了新的產業和經濟模式。

在電腦的基礎上，人們不斷開發出新的硬體設備、軟體程式和網路系統，為資訊時代的進一步發展提供強大的支撐。這種資訊技術的發展，不斷推動著經濟的全球化和數位化，為全球範圍內的資訊交流、商業合作和社會互動創造了無限可能。

電腦的誕生

17 世紀後半葉，德國數學家萊布尼茲率先提出了二進位。19 世紀中葉，英國數理邏輯學家喬治‧布林（George Boole）提出了邏輯代數（也稱為布林代數），喬治‧布林透過二進位，將算術和簡單的邏輯統一起來，使用與、或、非等邏輯運算子以及基於真和假的二值邏輯，為我們提供一種理解和操縱邏輯關係的工具。布林代數為電腦的二進位、開關邏輯電路的設計鋪平道路，並最終為現代電腦的發明奠定數學基礎。1937 年，英國劍橋大學的艾倫‧圖靈（Alan M. Turing）提出了被後人稱之為「圖靈機」的數學模型，這為現代電腦的邏輯工作方式指引了方向。

除了理論基礎外，在硬體方面，1904 年英國約翰‧安布羅斯‧弗萊明（John Ambrose Fleming）發明了真空電子二極體，可以實現單向導電、檢波、整流。1906 年，美國李德‧福里斯特（Lee De Forest）在二極體的基礎上加以改進，發明了三極管，可以實現訊號放大；真空管的出現，推動人類電子技術向前邁進一大步，初步補足了硬體的缺點。

同一時期，資訊儲存技術也有了巨大進步。1898 年，丹麥工程師瓦蒂瑪‧保爾森（Valdemar Poulsen）在自己的電報機中首次採用了磁線技術，使之成為人類第一個實用的磁聲記錄和再現設備。1928 年，德國工程師弗里茲‧普弗勒默（Fritz Pfleumer）發明了錄音磁帶。1932 年，奧地利工程師古斯塔夫‧陶謝克（Gustav Tauschek）發明了磁鼓記憶體，代表著磁性儲存時代的開啟。

ABC 電腦

在理論基礎、硬體設備和儲存技術的同步發展下，人類終於看到了電腦的希望。1942 年，美國愛荷華州立大學物理系副教授阿塔納索夫（John V.Atanasoff）和他的學生柯利弗德‧貝瑞（Clifford Berry）設計製造了世界上第一台電腦，名為「ABC」（Atanasoff-Berry Computer），也被稱為「珍妮機」。ABC 使用了 IBM 的 80 列穿孔卡作為輸入和輸出，使用真空管處理二進位格式的資料；資料的儲存，則使用再生電容磁鼓記憶體（Regenerative Capacitor Memory）。雖然 ABC 無法進行程式設計（僅用於求解線性方程組），但使用二進位數字來表示資料、使用電子元件進行運算（而非機械開關）、運算和記憶體分離等特點，都足以證明它是一台現代意義上的數位電腦。

Mark I 電腦

1944 年，在 IBM 公司的支持下，哈佛大學博士霍華德‧艾肯（Howard Aiken）成功研製了通用電腦—「Mark I」，也稱為「ASCC」（Automatic Sequence Controlled Calculator，自動控制序列運算器）。Mark I 長 16 公尺、重 4.3 噸，擁有 75 萬個零組件，使用了 800 公里長的電線、300 萬個連接、3500 個多極繼電器、2225 個計數器，它可以在 1 秒鐘內進行三次加法或減法，乘法需要 6 秒，除法需要 15.3 秒，對數或三角函數需要超過 1 分鐘。

ENIAC 電腦

1946 年 2 月 14 日，ENIAC（Electronic Numerical Integrator And Calculator，埃尼阿克）誕生了，ENIAC 占地 170 平方公尺，重達 30 噸，功率超過 150 千瓦，之所以體積和功耗這麼大，是因為它採用了 17468 根真空管。這些真空管使其可以每秒完成 5000 次加法或 400 次乘法，約為手工運算的 20 萬倍。從這一刻起，人類的運算能力，進入了全新的階段。

📽 電腦的四個階段

20 世紀 40 年代，電腦誕生的浪潮也開啟了波瀾壯闊的資訊技術革命，自此人類運算能力進入資訊時代。在資訊時代，運算的效率和能力主要取決於電腦的能力，而電腦的能力又取決於其內部的晶片，也就是說，資訊時代的運算能力強弱，本質上是由電腦的晶片來決定的。而根據電腦的發展歷程，則可以依照「真空管」、「電晶體」、「積體電路」和「超大型積體電路」劃分為四個階段。

真空管時期

ENIAC 的誕生，代表著第一代電腦的到來，這一階段的電腦最明顯的特徵是使用真空管和磁鼓記憶體儲存資料，輸入輸出設備為穿孔式機器，直到後來演變為磁帶驅動器，運算速度大幅提升。最初這類電腦只存在於科學研究或軍事等特定領域，離大多數人的日常生活較為遙遠；直至 1953 年，IBM 701 電腦發布，推動了電腦商業化，電腦逐漸滲透到各行各業，但由於其造價昂貴，且執行成本極高，只有一些有財力的政府部門和銀行才用得起。

電晶體時期

1947 年，來自貝爾實驗室的威廉‧肖克利（William Shockley）、約翰‧巴丁（John Bardeen）和沃爾特‧布拉頓（Walter Brattain），共同發明了世界上第一個電晶體，這一發明被稱為 20 世紀最重要的發明，也開啟了第二代電腦的發展。

電晶體的特性特別適合製造邏輯閘電路，同時在體積、重量、發熱、速度、價格、耗電等方面，相較於真空管，都有較大的優勢。電晶體的使用，極大縮小了電腦的體積，並提升運算效能，而作業系統和高階程式設計語言，也

都在這一時期誕生。電晶體的問世，為電路的小型化打下了基礎，也為積體電路及晶片的出現創造了前提。

1954 年，世界上第一台電晶體電腦 TRADIC，在美國空軍投入使用（貝爾實驗室研製），其執行功耗不超過 100W，體積不超過 1 立方公尺，相較於當年的 ENIAC，有天壤之別。1958 年，美國的 RCA 公司製造出世界上第一台全部使用電晶體的電腦— RCA501。1959 年，IBM 公司也生產出全部電晶體化的電腦— IBM 7090。

積體電路時期

第三代電腦的核心是矽基晶片製成的積體電路。所謂「積體電路」，其實就是在一個小的矽片上集成大量的電晶體、電阻、電容等元件，形成一個完整的電路系統，從而實現更複雜的邏輯功能和更高的運算速度。相較於第二代電腦中的電晶體技術，積體電路技術使得第三代電腦的效能進一步提升，同時也實現電腦規模進一步縮小。這一階段的電腦主要出現在 1960 年代末期至 1970 年代初期，代表性的電腦包括 IBM 的 System/360 系列和 DEC 的 PDP-8、PDP-11、VAX-11 系列等。

1960 年代，IBM 是世界電腦產業毫無疑問的領頭羊。1964 年 4 月 7 日，IBM 公司正式發布了六種規格的 System/360 商用大型主機，「360」是 360 度角的意思，表示全方位的服務，它是世界上首個指令集可相容電腦。單個作業系統可以適用整個系列，而不需要像之前的電腦一樣，每種主機量身訂做作業系統。

IBM System/360 是 IBM 史上最成功的機型，雖然研發投入巨大，但回報同樣可觀，每台主機的價格在 250 萬到 300 萬美元之間（約現在的 2000 萬美元），每月售出超過千台。美國太空總署的阿波羅登月計畫，全美

的銀行跨行交易系統及航空業界最大的線上票務系統等，都使用了 IBM System/360。

如果說 IBM 霸占了大型機市場，那麼 DEC 公司則把焦點對準了小型電腦市場，DEC 發布的 PDP-8、PDP-11、VAX-11 系列主機就是小型機的代表產品。1965 年，DEC 推出了第一台以積體電路為主要元件的小型商業化電腦 PDP-8，小型機無論是體積、成本還是效能，都更加貼近人們的日常工作和生活。

超大型積體電路時期

1970 年以後，隨著晶片製造工藝的提升，大型積體電路和超大型積體電路成為第四代電腦的主要電子元件。這一代電腦呈現兩大發展趨勢，一是運算速度超過每秒億次的超級電腦，例如：我們熟知的「神威‧太湖之光」、「天河系列」等，它們的出現打破了生物、化學等基礎學科領域研究中的運算瓶頸，推動著科學研究向高級、精確、尖端的方向發展；二是極其靈活的微處理器及以微處理器為核心組裝的微型電腦，相較於前者，微型電腦在真正意義上，實現了運算能力進入千家萬戶和千行百業的目標。

1968 年 7 月，羅伯特‧諾伊斯（Robert Norton Noyce）和戈登‧摩爾（Gordon Earle Moore）創立了英特爾（Intel）公司。1971 年，英特爾開發出世界上第一個商用處理器— Intel 4004，這款處理器片內集成了 2250 個電晶體，能夠處理 4bit 的資料，每秒運算 6 萬次，工作頻率為 108KHz。Intel 4004 的出現，代表著微處理器時代的開始，也代表著微型電腦的問世。

1974 年，英特爾又推出了面向個人電腦開發的微處理器— Intel 8080，其效能是 4004 的 20 倍。MITS 公司在同一年推出的經典微型電腦 Altair 8800，就是基於 8080 處理器。Altair 8800 在 1975 年 1 月的《大眾電子學》雜誌社上發

布後，引起了電腦愛好者的廣泛關注，其中就包括了成立微軟的比爾‧蓋茲和保羅‧艾倫。

在這一代電腦中，半導體記憶體集成程度越來越高，容量越來越大，輸入輸出設備的種類越來越多，軟體應用產業越來越發達，這些因素極大方便了個人使用者的使用。同時，隨著電腦技術與通訊技術的結合以及網際網路的普及，運算能力逐漸如水電一般，滲透到人們的日常工作和生活中，成為人類社會最不可或缺的基礎設施。

5.1.4 智慧時代的運算能力創新

進入人工智慧時代，作為人工智慧的三要素之一，運算能力構築了人工智慧的底層邏輯。可以說，新一輪科技的創新週期正是肇始於底層運算能力創新，運算能力已經成為集資訊運算力、網路運載力、資料儲存力於一體的新型生產力，與此同時，運算能力產業也日益龐大。

🎬 晶片：運算能力的核心

作為對資訊資料進行處理並輸出目標結果的運算能力，運算能力主要就是透過 CPU、GPU、FPGA、ASIC 等各類運算晶片實現。

CPU

CPU，也稱為「中央處理器」，用於執行各種指令和控制電腦的操作。CPU 位於電腦主機板上，承擔著大量的運算和運算任務。CPU 可以視為電腦的大腦，它實現了電腦的指令集，接收和執行電腦的運算和邏輯操作指令，並控制電腦的各種輸入輸出操作。

CPU 包含許多不同的功能模組，如算術邏輯單元（ALU）、控制單元（CU）、暫存器等。當 CPU 執行指令時，控制單元從程式計數器中獲取下一條指令，然後 ALU 執行這條指令，最後將結果寫入暫存器或記憶體中。不同型號的 CPU 具有不同的處理能力和效能，這通常取決於其體系結構、時鐘速度、緩存大小和指令集等主要參數。

在全球資料中心 CPU 市場，基於 X86 架構的英特爾和 AMD 占據市場主導地位。根據 Counterpoint，2022 年英特爾以 70.77% 的市場份額絕對領先其他對手；AMD 以 19.84% 的市場份額位列第二。同時，基於 ARM 架構的處理器市場份額不斷提升。不同效能和價格的 CPU 晶片，能夠滿足不同使用者的需求。總結來說，在電腦系統中，CPU 是至關重要的元件之一，為電腦執行提供了基礎性的支援。

GPU

1950 年代以來，CPU 一直是每台電腦或智慧設備的核心，是大多數電腦中唯一的可程式設計元件，並且 CPU 誕生後，工程師也一直沒放棄讓 CPU 以消耗最少的能源實現最快的運算速度，但即便如此，人們還是發現 CPU 做圖形運算太慢。在這樣的背景下，圖形處理器（GPU）應運而生。

NVIDIA 將 GPU 提升到一個單獨的運算單元的地位。GPU 是在緩衝區中快速操作和修改記憶體的專用電路，因為可以加速圖片的建立和渲染，所以得以在嵌入式系統、行動裝置、個人電腦以及工作站等設備上廣泛應用。1990 年代以來，GPU 則逐漸成為了運算的中心。

最初的 GPU 還只是用來做功能強大的即時圖形處理，後來憑藉其優秀的並行處理能力，GPU 已經成為各種加速運算任務的理想選擇。隨著機器學習和

大數據的發展，很多公司都會使用 GPU 加速訓練任務的執行，這也是現今資料中心中比較常見的用例。

相較於 CPU，大多數的 CPU 不僅期望在儘可能短的時間內更快完成任務，以降低系統的延遲，還需要在不同任務之間快速切換，以保證即時性。正是因為這樣的需求，CPU 往往都會串列地執行任務。而 GPU 的設計則與 CPU 完全不同，它期望提高系統的輸送量，在同一時間竭盡全力處理更多的任務。

設計理念上的差異，也最終反映到 CPU 和 GPU 的核心數量上，GPU 往往具有更多的核心數量。當然，CPU 和 GPU 的差異也很好地形成了互補，其組合搭配在過去的幾十年裡，也為龐大的新超大規模資料中心提供動力，使得運算得以擺脫 PC 和伺服器的繁瑣侷限。

FPGA

FPGA（現場可程式設計閘陣列）是一種集成大量基本閘電路及記憶體的晶片，最大特點為可程式設計。可透過燒錄 FPGA 設定檔來定義這些閘電路及記憶體間的連線，從而實現特定的功能。不同於採用馮諾依曼架構的 CPU 與 GPU，FPGA 主要由可程式設計邏輯元件、可程式設計內部連接和輸入輸出模組構成。FPGA 每個邏輯元件的功能和邏輯元件之間的連接，在寫入程式後就已經確定，因此在進行運算時無須取指令、指令解碼，邏輯元件之間也無須透過共用記憶體來通訊。基於此，儘管 FPGA 主頻遠低於 CPU，但完成相同運算所需的時鐘週期要少於 CPU，能耗優勢明顯，並具有低延時、高吞吐的特性。

ASIC

ASIC 晶片是專用客製化晶片，為實現特定要求而客製化的晶片。除了不能擴展以外，在功耗、可靠性、體積方面都有優勢，尤其在高效能、低功耗

的行動端。Google 的 TPU、寒武紀的 GPU，地平線的 BPU 都屬於 ASIC 晶片。

NPU

在人工智慧時代，還誕生了 AI 專用晶片，例如：NPU。NPU（Neural Processing Unit）是指專門為深度神經網路運算而設計的處理器，通常被用於人工智慧、機器學習、自然語言處理等場景中。

相較於通用處理器（如 CPU、GPU 等），NPU 具有更高的效能和更低的能耗。NPU 的設計原則是充分利用深度學習中的矩陣運算和卷積運算這些高密度的演算法，來優化晶片的結構和效能。NPU 通常採用特殊的處理器架構和演算法，來加速深度神經網路的運算，實現高效的神經網路訓練和推理過程。

NPU 內建了大量的算術元件，可以快速高效地完成深度神經網路中的各種運算任務。目前，許多廠商都推出了自己的 NPU 產品，其中包括華為的升騰 NPU、三星的 Neural Processing Unit、Apple 的 A 系列晶片、Google 的 TPU 等，這些 NPU 的效能各不相同，但它們都可以提供出色的效能和能效比，為深度學習和人工智慧應用帶來了重要的發展機遇。

📽 伺服器：集中化的運算能力

伺服器作為集中化的運算能力，可以是一台獨立的物理設備，也可以是一組聯網的電腦集群。伺服器的主要功能是接受來自用戶端的請求，並相應提供服務或資源，如網頁、檔案、資料庫查詢等。也就是說，伺服器不僅僅是託管網站、應用程式或資料儲存的設備，它們還負責處理這些服務所需的各種運算任務。伺服器的效能直接影響到服務的回應速度、併發處理能力以及使用者體驗，因此伺服器的運算能力是伺服器效能的重要組成部分之一。

在 20 世紀 80-90 年代，伺服器的技術架構和市場格局發生了巨大變化。微處理器出現之後，催生了 PC 這樣的小型化電腦。傳統大型機開始逐漸衰退，並朝著兩個方向演變，第一個方向是直接變成超級電腦，專門進行科學和軍事領域的高精尖運算；另一個方向是變成小一點的伺服器，專門為政府和企業提供服務；伺服器的形態也有多種，包括塔式、機架式、機櫃式等。

在當時，伺服器的技術架構主要分為兩個陣營，一個是以 SUN、SGI、IBM、DEC、HP、摩托羅拉等廠商為代表的 RISC-CPU 陣營，主張採用 RISC-CPU 架構（RISC，簡單指令電腦）。RISC 架構的設計理念是簡化指令集，減少指令的複雜性，提高執行效率。RISC 處理器以其精簡的指令集和高效的執行方式而著稱，具有較高的效能和執行速度；RISC 處理器在科學運算、圖形處理等領域表現出色，受到了一定的市場歡迎。

另一個是以英特爾和 AMD 為代表的 CISC-CPU 陣營，主張採用 CISC-CPU 架構（CISC，複雜指令電腦）。CISC 架構的設計理念是在處理器中集成更多、更複雜的指令，以提高程式設計的靈活性和效率。CISC 處理器的設計更加靈活，能夠支援更多的指令集，因此在通用運算和應用軟體相容性方面具有優勢。

雖然 RISC 速度更快，但最終英特爾憑藉巨大的研發投入，以及相容性和量產速度上的優勢，成功鞏固了自己的地位。英特爾的 x86 架構處理器成為了主流，成為了伺服器市場的主導力量，其架構在 PC 領域已經占據主導地位，並逐漸滲透到伺服器市場中，成為了廣泛應用的標準。直到今天，採用 Intel、AMD 或其他相容 x86 指令集的處理器晶片以及 Windows 作業系統的伺服器，依然是目前主流的伺服器架構。

除了 x86 伺服器外，還有 RISC 伺服器和 EPIC 伺服器。RISC 伺服器基於 RISC 處理器，主要包括 IBM 的 Power 和 PowerPC 處理器、SUN 和富士通合

作研發的 SPARC 處理器、華為的鯤鵬 920 處理器；EPIC 伺服器基於 EPIC 處理器，目前主要是 Intel 的安騰（Itanium）處理器。

在伺服器的硬體設定中，處理器、記憶體、存放裝置和網路設備等元件都對伺服器的運算能力產生影響。其中，處理器是伺服器中的核心元件，負責執行運算任務和處理資料。處理器的效能取決於其架構、頻率、核心數量及緩存大小等因素，高效能的處理器能夠更快執行指令，處理更多的運算任務，提高伺服器的整體效能。

記憶體的容量和速度對伺服器的資料處理和存取速度有重要的影響。記憶體（RAM）用於臨時儲存資料和程式，是伺服器進行運算和處理的關鍵資源。記憶體容量越大，伺服器能夠同時處理的資料量就越大，而記憶體速度則影響著資料的讀取和寫入速度，因此高容量、高速的記憶體可以提升伺服器的資料處理效率，加快任務執行速度。

另外，存放裝置也對伺服器的整體效能產生重要影響。伺服器通常配備多種存放裝置，包括固態硬碟（SSD）、機械硬碟（HDD）、NVMe 固態硬碟等。存放裝置的選擇，影響著資料的讀寫速度、儲存容量和可靠性，高速、可靠的存放裝置，可以提供更快的資料讀寫速度，減少資料訪問延遲，提高伺服器的回應速度和整體效能。

伺服器的網路設備包括網路介面卡（NIC）、交換器、路由器等，它們負責處理網路通訊和資料傳輸。高速、穩定的網路設備可以提供更快的資料傳輸速率和更穩定的網路連接，保障伺服器與用戶端之間的通訊暢通無阻。

此外，伺服器通常在資料中心中執行，透過網路與用戶端進行通訊。而依市場份額來看，目前戴爾、惠普、浪潮、聯想、華為、超微、新華三和思科牢牢占據了全球伺服器市場。

📋 雲端運算：靈活的雲端運算能力

網際網路崛起之後，使用者的急劇成長及業務的潮汐化特點（有時候人多，有時候人少），給供應商帶來了很大的壓力，如何以更低的成本來更靈活滿足使用者需求，成為眾多企業思考的難題。在這樣的背景下，雲端運算的概念醞釀而生。

所謂「雲端運算」，其實就是為使用者提供基於雲端伺服器的運算。雲端運算的本質是一個運算能力資源池，它把零散的物理運算能力資源變成靈活的虛擬運算能力資源，配合分散式架構，提供理論上無限的運算能力服務。在傳統的運算模式下，使用者需要購買、配置和維護自己的伺服器設備，這不僅需要大量的資金投入，還需要專業的技術支援和管理人員；而透過雲端運算服務，使用者可以透過網路直接訪問雲端伺服器的運算資源，無須關心底層的硬體設備和基礎設施維護，極大簡化了運算資源的獲取和使用過程。

在雲端運算網路平台，每個人都可以在幾分鐘內建立、開通自己的網站，空間大、速度快、費用低、資訊安全。雲端中的資料可以無限增加，而資料的增加，只是伺服器數量的增加，系統提取資料的速度不受影響，雲端運算也讓資訊搜尋更快、更精準、更豐富。

使用一種以雲端運算為基礎的電子郵件服務，意謂著若是筆記型電腦當掉的話，不用去擔心會失去所有的電郵，而且還可以從任何一個網頁瀏覽器上登錄郵箱。隨著雲端運算的服務增多，同樣的事情也將會在其他的文檔和資料上實現。雲端運算出現之後，物理電腦變成虛擬電腦，而雲端運算所提供的服務，慢慢被籠統歸納為運算服務，也就是運算能力服務。

雲端運算服務以其靈活性和便利性，成為現代資訊技術領域的重要組成部分，其通常包括三種主要形式：「基礎設施即服務」（IaaS）、「平台即服務」

（PaaS）、「軟體即服務」（SaaS），每種形式都為使用者提供不同層次的服務和功能。

在基礎設施即服務（IaaS）模式下，雲端服務提供者向使用者提供基礎的運算資源，如虛擬機器、儲存空間和網路頻寬等。使用者可以根據自身需求，靈活地調整和配置這些資源，而無須關心底層的硬體設備和基礎設施的維護。這種模式下，使用者可以快速搭建和擴展自己的 IT 基礎設施，而降低了建設和運維成本，提高資源利用效率。

在平台即服務（PaaS）模式下，雲端服務提供者更進一步為使用者提供開發和部署應用程式所需的平台服務。這包括開發工具、資料庫、應用程式框架等，讓使用者可以更輕鬆進行應用程式的開發、測試和部署。PaaS 模式為開發人員提供一個靈活、高效的開發環境，加速應用程式的上線和迭代過程，同時降低了開發成本和技術門檻。

在軟體即服務（SaaS）模式下，雲端服務提供者直接向使用者提供完整的軟體應用程式，使用者無須安裝和配置任何軟體，只需透過網路瀏覽器，即可直接訪問和使用這些應用程式。這種模式下，使用者可以根據需要訂閱和使用各種應用程式，無須關心軟體的購買、安裝和維護問題，大幅降低了軟體的使用成本和管理成本，提高工作效率和便利性。

於是，透過雲端運算服務，使用者就可以根據自己的需求和預算，靈活選擇不同的服務模式，並按需獲取運算資源，大幅降低了 IT 基礎設施的成本和管理複雜性。雲端運算服務還提供彈性擴展和高可用性等特性，讓使用者可以根據應用程式負載的變化，動態調整和擴展運算資源，提高系統的靈活性和可靠性。同時，雲端運算服務也提供了安全性、備份和災難恢復等功能，為使用者的資料和應用程式提供更可靠的保護和安全性。

最早將雲端運算變成現實的是亞馬遜。2006 年，網際網路電商亞馬遜（Amazon）率先推出了兩款重磅產品，分別是 S3（Simple Storage Service，簡單儲存服務）和 EC2（Elastic Cloud Computer，彈性雲端運算），從而奠定了自家雲端運算服務的基石。另一家在雲端運算上有所行動的公司，則是 Google。在 2003-2006 年期間，Google 連續發表了四篇重磅文章，分別關於分散式檔案系統（GFS）、平行運算（MapReduce）、資料管理（Big Table）和分散式資源管理（Chubby），這些文章不僅奠定了 Google 自家的雲端運算服務基礎，也為全世界雲端運算、大數據的發展指明方向。現今，除了亞馬遜和 Google 外，幾乎所有的網際網路科技巨頭都在雲端運算領域有所佈局。

5.1.5 一部波瀾壯闊的科技史詩

人類的運算能力發展歷程，堪稱為一部波瀾壯闊的科技史詩。從古代的人工運算到機械運算，再到電子運算，這一漫長而曲折的歷程跨越了數千年的時光。

古代的人們依靠手工和腦力進行運算，利用原始的工具和方法處理數字和資料，儘管這種方式極為費時費力，但卻培養了人類對數學和邏輯的理解和掌握，為後來的運算技術奠定了基礎。

隨著社會的不斷進步和科技的不斷發展，人們開始嘗試利用機械設備進行運算。17 世紀末至 18 世紀初，布萊茲・帕斯卡和哥特弗利德・威廉・萊布尼茲等人發明了一系列機械運算器，這些機械裝置能夠進行基本的算術運算，極大提高了運算的速度和精度，為科學和工程領域的發展帶來重要的推動力。

當然，真正的運算革命發生在 20 世紀初，隨著電子技術的飛速發展和普及，電腦應運而生。電腦的出現，是一個重要的里程碑，電腦以其高速、高

效的運算能力，徹底改變了人類運算和資料處理的方式，極大推動了科學技術的發展和社會生活的變革。

電腦的誕生，讓人類進入了資訊時代，運算能力的效能和規模以前所未有的速度成長。隨著摩爾定律的提出和電腦硬體技術的不斷進步，電腦的速度、儲存容量和功能不斷提升，遠遠超出了人們的想像。電腦不僅成為了科學研究和工程設計的重要工具，也滲透到商業、教育、娛樂等各個領域，深刻影響了人類的生產生活和社會發展。

在這個過程中，網際網路的普及和數位化技術的發展，使得資訊的獲取、傳輸和處理變得更加便捷和高效。人們不再侷限於單一的電腦，而是透過雲端運算、大數據、人工智慧等技術，將運算資源和資料連接起來，實現了資訊的共用和智慧化應用，開啟了數位時代和智慧時代的新篇章。

例如：企業可利用電腦進行資料處理、資訊管理、生產計畫等工作，大幅提高了工作效率和生產效率。電腦的廣泛應用，使得企業能夠更好掌握市場訊息、預測需求以及優化生產流程，從而更加靈活地應對市場競爭和變化，實現業務的持續發展和創新。同時，網際網路和電子商務的興起，為企業提供全新的商業模式和銷售管道，促進商業的全球化和數位化轉型。

而個人則可以透過網際網路和智慧設備輕鬆地獲取各種資訊、享受各種服務，人們可以透過手機 APP 訂購外賣、預訂旅行、購買商品等，實現生活的便捷和智慧化。智慧家居設備的普及，也使得人們的生活更加舒適和便利，可以透過手機遠端控制家電、監控家庭安全等。此外，運算能力的發展還促進醫療健康、教育科技等領域的進步，為人們提供更加高效、便捷的服務和工具，提升生活品質和幸福感。

可以說，整個人類社會在運算能力的驅動下，發生了翻天覆地的變革。從生產到生活、從經濟到文化、從科學到教育，無一不受到深刻的影響。運算能力的進步，推動著人類社會不斷前行，為未來的發展開闢無限的可能。

5.2　運算能力高地爭奪戰

運算能力正以一種新的生產力形式，為各行各業的數位化轉型注入新動能，成為經濟社會高品質發展的重要驅動力。在這樣的背景下，全球範圍內各個科技大廠對運算能力的爭奪也越發激烈，無論是微軟和 Google 在運算能力上大規模投入建設，還是 OpenAI 的萬億美元打造晶片帝國計畫，某種程度上都是要藉由先進運算能力的優勢，主導人工智慧時代的話語權。

5.2.1　NVIDIA：運算能力競爭的領先方案

在人工智慧時代，運算能力的核心就是晶片，如果造不出頂級晶片，就沒有足夠的運算能力提供給 AI 進行訓練，畢竟人工智慧產品想要做得更智慧，就需要不斷地訓練。運算能力就是訓練的能量，或者是人工智慧智商的關鍵，是驅動人工智慧在不斷學習中漫漫智慧的動力源泉，而 NVIDIA 在晶片領域已經佈局已久。

📖 AI 晶片股王

20 世紀 90 年代，3D 遊戲的快速發展和個人電腦的逐步普及，徹底改變了遊戲的操作邏輯和創作方式。1993 年，黃仁勳等三位電氣工程師看到遊戲市場對於 3D 圖形處理能力的需求，而成立了 NVIDIA，面向遊戲市場供應圖形

處理器。1999 年，NVIDIA 推出顯示卡 GeForce256，且第一次將圖形處理器定義為 GPU，自此「GPU」一詞與 NVIDIA 賦予它的定義和標準，在遊戲界流行起來。

在 21 世紀初，CPU 難以繼續維持每年 50% 的效能提升，而內部包含數千個核心的 GPU，能夠利用內在的並行性繼續提升效能，且 GPU 的眾核結構更加適合高併發的深度學習任務。

GPU 期望提高系統的輸送量，在同一時間竭盡全力處理更多的任務，這一特性逐漸被深度學習領域的開發者注意，但是作為一種圖形處理晶片，GPU難以像 CPU 一樣用 C 語言、Java 等高階程式語言，極大限制了 GPU 向通用運算領域發展。

NVIDIA 很快注意到這種需求，為了讓開發者能夠用 NVIDIA GPU 執行圖形處理以外的運算任務，NVIDIA 在 2006 年推出了 CUDA 平台，支援開發者用熟悉的高階程式語言開發深度學習模型，靈活呼叫 NVIDIA GPU 運算能力，並提供資料庫、排錯程式、API 介面等一系列工具。雖然當時方興未艾的深度學習並沒有為 NVIDIA 帶來顯著的收益，但 NVIDIA 一直堅持投資CUDA 產品線，推動 GPU 在 AI 等通用運算領域前行。

六年後，NVIDIA 終於等到了向 AI 運算證明 GPU 的機會。在 21 世紀 10 年代，由大型視覺資料庫 ImageNet 專案舉辦的「大規模視覺識別挑戰賽」，是深度學習的標誌性賽事之一，被譽為電腦視覺領域的奧運賽。2010 和 2011年，ImageNet 挑戰賽的最低錯誤率分別是 29.2% 和 25.2%，有的團隊錯誤率高達 99%。2012 年，來自多倫多大學的博士生 Alex Krizhevsky 用 120 萬張圖片訓練神經網路模型，而和前人不同的是，他選擇用 NVIDIA GeForce GPU為訓練提供運算能力；在當年的 ImageNet，Krizhevsky 的模型以約 15% 的錯

誤率奪冠,震驚了神經網路學術圈,這一標誌性事件證明了 GPU 對於深度學習的價值,也打破了深度學習的運算能力枷鎖。自此,GPU 被廣泛應用於 AI 訓練等大規模併發運算場景。

2012 年,NVIDIA 與 Google 人工智慧團隊打造了當時最大的人工神經網路。到 2016 年,Facebook、Google、IBM、微軟的深度學習架構,都執行在 NVIDIA 的 GPU 平台上。2017 年,NVIDIA GPU 被惠普、戴爾等廠商引入伺服器,被亞馬遜、微軟、Google 等廠商用於雲端服務。2018 年,NVIDIA 為 AI 和高效能運算打造的 TeslaGPU,被用於加速美國、歐洲和日本最快的超級電腦。

與 NVIDIA AI 版圖一起成長的,是股價和市值。2020 年 7 月,NVIDIA 市值首次超越英特爾,成為名副其實的 AI 晶片股王。

📑 全球龍頭晶片企業

在 AI 晶片產業,現今 NVIDIA 已成為全球龍頭企業。根據 IDC 資料,2022 年公司在全球企業級 GPU 市占率達到 91.4%,同時根據產業鏈調查研究,NVIDIA 在中國的晶片市占率超過 90%,可以說形成了絕對壟斷的地位。

晶片架構是 NVIDIA 的技術核心,快速迭代的新架構為產品帶來不斷的創新與升級,自 NVIDIA GPU 問世以來,其架構經歷了多個重要發展階段:

- 2010 年 NVIDIA 推出世界上第一個完整的 GPU 架構 Fermi,此後 NVIDIA 不斷透過擴展 Cuda 核心種類,增加 CUDA Core 數量,引入並升級 Tensor Core&RTcore 等途徑,增強 GPU 在深度學習、AI 運算方面的效能。

- 2012 年發布的 Kepler 架構,進一步提高了能源效率比(Energy Efficiency Ratio)和 GPU 效能,並引入了動態並行處理技術。

- 2014 年發布的 Maxwell 架構，實現了更加節能和高效的設計。

- 2016 年發布的 Pascal 架構，則引入了深度學習運算中的 Tensor Core、 NVLink 技術，以及更多的 AI 加速功能。

- 2017 年發布的 Volta 架構，則實現了更高的運算能力和儲存頻寬，並引入深度學習加速器 Tensor CoresV 100。

- 2018 年發布的 Turing 架構，則進一步提高了光線追蹤和圖形渲染效能。

- 2020 年的 Ampere 架構，則在 AI 加速、效能和能效方面實現了重要進展。

- 2022 年 NVIDIA 推出全新的 Ada Lovelace 架構和 Hopper 架構，其中專為資料中心打造的 Hopper 架構，採用了台積電 4nm 製造工藝，與上一代相比，Hopper 將 TF32、FP64、FP16 和 INT8 精度的 FLOPS 提高了三倍。

每一代架構的創新和進步，都為 GPU 技術在高效能運算、人工智慧、虛擬實境等領域的應用，奠定了堅實的基礎。根據 NVIDIA 官網，資料中心產品線目前在售產品，主要包括 Ampere 系列、Hopper 系列、Ada Lovelace 系列和 Turing 系列，其中 Hopper 架構的 H200 是目前 NVIDIA 資料中心產品線最強 GPU。H200 是首款採用 HBM3e 的 GPU，視訊記憶體配置較上一代顯著提升；H200 視訊記憶體 141GB，是 H100 的 1.8 倍，視訊記憶體頻寬 4.8TB/s，是 H100 的 2.4 倍，在處理 700 億參數的大語言模型 Llama2 時，H200 的推理速度是 H100 的 1.9 倍。

除了不斷推出效能強大的 GPU，NVIDIA 還憑藉其 CUDA 生態，不斷拓寬自身護城河。CUDA 是 NVIDIA 2006 年推出的平行運算框架，本質是一系列用於優化運算的程式設計函數，透過提供包括資料索引、核心函數、執行緒分配等在內的完整工具套件，方便開發者針對不同任務對處理器進行程式設計，從而讓 GPU 的功能由圖形處理拓展至通用運算，具有解決複雜運算問題的能力。

也就是說，開發人員可以透過 C/C++、Fortran 等高階語言，來呼叫 CUDA 的 API，進行並行程式設計，達到高效能運算目的。CUDA 平台的出現，使得利用 GPU 來訓練神經網路等高運算能力模型的難度大幅降低，將 GPU 的應用從 3D 遊戲和影像處理，拓展到科學運算、大數據處理、機器學習等領域，這種生態系統的建立讓很多開發者依賴於 CUDA，進一步增加了 NVIDIA 的競爭優勢。

但 CUDA 並非開源生態，NVIDIA 擁有大量的專利壁壘。隨著不斷迭代，CUDA 在針對 AI 或神經網路深度學習領域，推出了非常多的加速庫，構成了 CUDA 的軟硬體生態系。完善的功能吸引更多的開發者使用，大量的開發者亦不斷完善 CUDA 生態，從而形成正向迴圈。

5.2.2　AMD：全球第二大晶片公司

如果說 NVIDIA 穩坐全球晶片龍頭，那麼 AMD 就是 NVIDIA 之後的產業第二。CPU 業務是 AMD 發家的根本，1981 年 AMD 獲得了英特爾 X86 系列處理器的授權，並憑藉此在 PC 時代的紅利期，AMD 一舉做到了產業第二，而這產業第二，一做就做了幾十年。

具體來看，英特爾和 AMD 是 CPU 市場中唯二的主流廠商，其中 AMD 的消費級 CPU 產品包括 Ryzen（銳龍）、Athlon（速龍）、Threadripper PRO 和 Ryzen Pro 處理器，覆蓋個人桌上型電腦、筆記型電腦和工作站。最新產品包括 Ryzen 8000 系列行動和桌上型處理器，以及 Threadripper PRO 7000 WX 和 7000 系列工作站處理器。自 2017 年以來，AMD 推出了 EPYC（霄龍）第四代系列伺服器 CPU，當前第四代產品包括 9004 系列和 8004 系列，其中 9004 系列採用了 3D V-Cache AMD Ryzen 技術。

雖然 AMD 是靠著 CPU 發家的，並沒有過多涉及 GPU 領域，但在 GPU 方向上的收購，卻是 AMD 在現今依然穩坐產業第二的關鍵。2006 年，AMD 以 54 億美元價格收購了 ATI（包括 42 億美元現金和 12 億美元股票），ATI 成為 AMD 的 GPU 顯示卡部門，憑藉著本次的收購，AMD 成功進入獨立顯示卡的領域。依託 ATI 的技術和 AMD 的管理，AMD 成為顯示卡市場的重要一員。

2023 年 6 月，AMD 推出全新人工智慧 GPU MI300 系列晶片，與 NVIDIA 在人工智慧運算能力市場展開競爭。據 AMD 首席執行官蘇姿丰介紹稱，MI300X 提供的高頻寬記憶體（HBM）密度是 NVIDIA H100 的 2.4 倍，HBM 頻寬是競品的 1.6 倍。有分析指出，從效能上，MI300 效能顯著超越 H100，在部分精度上的效能優勢高達 30%、甚至更多。憑藉 CPU + GPU 的能力，MI300 產品組合效能更高，同時具有成本優勢，不過從軟體生態方面來看，現有的 AMD MI300 還不足以威脅 NVIDIA 的市場份額，想要撼動 NVIDIA 在人工智慧產業的地位，AMD 還需要時間。

5.2.3　亞馬遜：押注雲端運算能力

亞馬遜雲端運算服務（AWS）是雲端運算的開創者和引領者，作為全球最大的雲端運算供應商，亞馬遜擁有超過 200 個資料中心，分布在全球 26 個國家和地區，且擁有近 5000 萬台伺服器，運算能力規模相當於全球運算能力的 10%。AWS 是全球最大的雲端運算平台，占據超過 30% 的市場份額。

在運算能力產業，亞馬遜所做的就是從企業的運算能力痛點出發，建立和運營全球領先的雲端運算平台，為使用者提供高效能、可靠、安全的雲端運算服務。當然，對於任何一家雲端運算企業來說，想要獲得強大的運算能力，自主研發晶片，並以此打造核心競爭優勢和差異化是達到目標的重點。

目前，亞馬遜雲端運算服務有三條自研晶片生產線，分別是通用晶片 Graviton、專用 AI 晶片 Trainium（訓練）和 Inferentia（推理）以及 Nitro。

🎬 通用晶片 Graviton

Graviton 是一款基於 ARM 架構的通用處理器晶片，目前已經演進到第四代，即 Graviton4，Graviton4 相較於 Graviton3，處理速度快 30%、支援的核心數量增加 50%、記憶體頻寬增加了 75%，能將資料庫速度提高 40%、將處理大型 Java 應用程式的速度提升 45%。具體來看，Graviton4 使用的是基於 ARM v9 架構的「Demeter」Neoverse V2 核心，而 Graviton3 使用的是「Zeus」V1 核心。

V2 核心在每時鐘週期指令數上比 V1 提高了 13%，疊加 Graviton 運算核心數量的增加，帶來了最終 30% 的效能成長，同時每瓦效能與 Graviton3 基本持平；在核心數量方面，Graviton4 套件上有 96 個 V2 核心，比 Graviton3 和 Graviton3E 提升了 50%；在記憶體控制器方面，Graviton4 上封裝有 12 個 DDR5 控制器，而 Graviton3 之前只有 8 個 DDR5 記憶體控制器。此外，Graviton4 使用的 DDR5 記憶體速度也提升了 16.7%，達到 5.6 GHz。綜上所述，Graviton4 每個插槽的記憶體頻寬為 536.7 GB/ 秒，比之前的 Graviton3 和 Graviton3E 處理器的 307.2 GB/ 秒高出 75%。目前 Graviton4 可在最新的 R8g 執行個體中提供預覽，與 R7g 相比，它擁有 3 倍的 vCPU 和記憶體。

🎬 專用 AI 晶片 Trainium 和 Inferentia

Trainium 和 Inferentia 是兩款機器學習專用晶片，前者用於訓練場景，後者用於推理場景。基於 Trainium 的 Trn1 執行個體和通用的 GPU 執行個體對比，單節點的吞吐率可以提升 1.2 倍，多節點集群的吞吐率可以提升 1.5 倍，從成本考慮，單節點成本可以降低 1.8 倍，集群的成本更是降低了 2.3 倍。而推理

晶片 Inferentia 目前推出了第二代，可大規模部署複雜的模型，例如：大型語言模型（LLM）和 Diffusion 類模型，同時成本更低。以 Stable Diffusion 2.1 的版本為例，基於第二代 Inferentia 的 Inf2 執行個體可實現 50% 的成本節約。

🎬 Nitro

Nitro 系統則是新一代 Amazon EC2 執行個體的基礎平台，透過專用的 Nitro 晶片卡，它能將 CPU、儲存、聯網、管理等功能轉移到專用的硬體和軟體上，而使伺服器的幾乎所有資源都用於執行個體，從而提升資源利用率、降低成本。

Nitro 系統包含一個非常羽量級的 Hypervisor，與傳統 Hypervisor 會占用大約 30% 的系統資源相比，它的資源占用不到 1%，如此一來，透過將虛擬化功能從伺服器轉移到亞馬遜雲端運算服務自主研發的 Nitro 專用晶片上執行，把虛擬化對物理伺服器的效能損耗降到最小。

與此同時，Nitro 能夠提供硬體級別的安全機制，Nitro 安全晶片隔離了使用者 Amazon EC2 執行個體對底層硬體的寫入操作，使用者的資料能夠得到很好的保護。此外，透過多樣化的 Nitro 網路卡和記憶卡，儲存虛擬化、網路 I/O 虛擬化與伺服器硬體的更新迭代之間，能夠實現解耦，從而保證 I/O 效能。

目前，Nitro 系統已經發展到第五代，網路效能提升到了 100Gbps。在 Nitro 的幫助下，使用者能提升 Amazon EC2 執行個體執行管理的安全性和穩定性，意謂著 Amazon EC2 的執行個體設計可以更加靈活，最重要的是能夠幾乎完全消除虛擬化本身所帶來的系統開銷，讓系統資源完全作用於工作負載，提升運算能力使用效率。

在服務層面，亞馬遜雲端運算服務持續加碼 Serverless。2006 年，搭建了 Amazon S3 儲存服務。2014 年，發布了著名的 Serverless 運算服務 Amazon Lambda，直到目前已經有超過百萬使用者、每月的呼叫請求量超過 100 萬億次。最新推出的 Amazon Lambda SnapStart，在首次啟動時，會執行標準初始化，並且將記憶體和磁片狀態進行快照並緩存，將啟動延時降低 90% 以上。

作為全球雲端運算的開創者和引領者，亞馬遜雲端運算服務正透過提供強大且經濟的硬體和軟體，賦予企業實現更大的商業成功。

5.2.4　Google：自研晶片 TPU 系列

在自研晶片的一眾廠商中，Google 的地位不可忽視，Google 自研晶片的歷程在十年前就已經開始了。作為一家科技公司，Google 早在 2006 年就考慮為神經網路建構專用積體電路（ASIC），但到了 2013 年，情況變得緊迫了起來，Google 的科學家們開始意識到，神經網路快速成長的運算需求與資料中心數量存在著不可協調的矛盾。

當時的 Google AI 負責人 Jeff Dean 經過運算後發現，如果有 1 億的 Android 使用者每天使用手機語音轉文字服務 3 分鐘，其中消耗的運算能力就是 Google 所有資料中心總運算能力的兩倍，而全球的 Android 使用者遠不止 1 億。

資料中心的規模不可能無限制地擴張下去，Google 也不可能限制使用者使用服務的時間，但 CPU 和 GPU 都難以滿足 Google 的需求，CPU 一次只能處理相對來說很少量的任務，GPU 在執行單個任務時效率較低，而且所能處理的任務範圍更小，自主研發成了最後的出路。

通常，ASIC 的開發需要數年時間，但 Google 卻僅用了 15 個月就完成了 TPU 處理器的設計、驗證、製造，並部署到資料中心。終於，在 2016 年的

Google I/O 開發者大會上，首席執行官 Sundar Pichai 正式向世界展示了 TPU 這一自主研發的成果。

代表 Google 技術結晶的初代 TPU，採用了 28 奈米工藝製造，執行頻率為 700MHz，執行時功耗為 40W，Google 將處理器包裝成外置加速卡，安裝在 SATA 硬碟插槽中，實現隨插即用。TPU 透過 PCIe Gen3 x16 匯流排與主機連接，可提供 12.5GB/s 的有效頻寬。與 CPU 和 GPU 相比，單執行緒 TPU 不具備任何複雜的微架構功能，極簡主義是特定領域處理器的優點，Google 的 TPU 一次只能執行一項任務—「神經網路預測」，但每瓦效能卻達到了 GPU 的 30 倍、CPU 的 80 倍。

Google 並未止步於此，幾乎是在第一代 TPU 完成後，就立刻投入到了下一代的開發當中。2017 年 TPU v2 問世；2018 年 TPU v3 推出；2021 年 TPU v4 在 Google I/O 開發者大會上亮相。

與此同時，Google 對於 AI 晶片也越發得心應手。第一代 TPU 僅支援 8 位元整數運算，這意謂著它能進行推理，但訓練卻遙不可及；而 TPU v2，不僅引入了 HBM 記憶體，還支援浮點運算，從而支援了機器模型的訓練和推理；TPU v3 則在前一代基礎上，重點加強了效能，且部署在 Pod 中的晶片數量翻四倍。TPU v4 晶片的速度，則是 v3 的兩倍多。Google 用 TPU 集群建構出 Pod 超級電腦，單台 TPU v4 Pod 包含 4096 塊 v4 晶片，每台 Pod 的晶片間互連頻寬是其他互連技術的十倍，因此 TPU v4 Pod 的運算能力可達 1 ExaFLOP，即每秒執行 10 的 18 次方浮點運算，相當於 1000 萬台筆記型電腦的總運算能力。

在 2023 年 8 月的 Cloud Next 2023 大會上，Google 公開了 TPU v5e。TPU v5e 是 Google 專為提升大中型模型的訓練、推理效能以及成本效益所設計。

TPU v5e Pods 能夠平衡效能、靈活性和效率，允許多達 256 個晶片互連，聚合頻寬超過 400 Tb/s 和 100 petaOps 的 INT8 效能，使對應的平台能夠靈活支援一系列推理和訓練要求。TPU v5e 也是 Google Cloud 迄今為止最多功能、效率最高、可擴展性最強的 AI 加速器。

TPU 只是 Google 自主研發的序幕。2017 年的 Google Cloud Next 17 大會上，Google 推出了名為「Titan」的客製化安全晶片，它專為硬體級別的雲端安全而設計，透過為特定硬體建立加密身分，實現更安全的識別和身分驗證，從而防範日益猖獗的 BIOS 攻擊。

Google 表示，自研的 Titan 晶片透過建立強大、基於硬體的系統身分，來驗證韌體（firmware）和軟體元件，保護啟動的過程，這一切得益於 Google 自己建立的硬體邏輯，從根本上減少了硬體後門的可能性。基於 Titan 的生態系統，也確保了設施僅使用授權且可驗證的程式碼，最終讓 Google Cloud 擁有了比本地資料中心更安全的可靠性。

2021 年 3 月，Google 在 ASPLOS 會議上首次介紹了一塊應用於 YouTube 伺服器的自研晶片，即 Argos VCU，它的任務很簡單，就是對使用者上傳的影片進行轉碼。根據資料統計，使用者每分鐘會向 YouTube 上傳超過 500 小時的各種格式的影片內容，而 Google 則需要將這些內容快速轉換成多種解析度和各種格式，沒有一塊具有強大編碼能力的晶片，想要快速轉碼就是一件不可能的事情。在這樣的背景下，Google 才開啟了 VCU 的研發，結果就是 Argos VCU 處理影片的效率比傳統伺服器高 20 到 33 倍，處理高解析度 4K 影片的時間由幾天縮短為數小時。

從 TPU 到 Titan，再到 VCU，Google 的自研晶片也成為人工智慧時代中 Google 的底氣和自信。

5.2.5 微軟：Maia 100 和 Cobolt 100

在 AIGC 浪潮下，作為全球雲端運算市場的第二大玩家，微軟也開啟了自研晶片之路。在 Microsoft Ignite 2023 大會，微軟就正式宣布成功開發出兩款晶片，將用於加速其未來的人工智慧和雲端伺服器能力。

🎬 AI 晶片 Maia 100

具體來看，第一款是 AI 晶片 Maia 100，按照微軟 CEO 納德拉（Satya Nadella）的說法，微軟的自研 AI 晶片 Maia 100 基於 NVIDIA H100 同版本的台積電 5nm 工藝打造，電晶體數量達到了驚人的 1050 億個。從公開資料來看，這顆晶片也是迄今為止最大的 AI 晶片。

半導體研究機構 SemiAnalysis 透露，Maia 100 在 MXInt8 下的效能為 1600 TFLOPS，在 MXFP4 下則達到了 3200 TFLOPS 的運算速度。同時據分析，自主研發 Maia 100 每年的成本大概在 1 億美元左右。

如果單從數字來看，Maia 100 的運算能力似乎完全碾壓了 Google 的 TPUv5 及亞馬遜的 Trainium/Inferentia2 晶片，就算與 NVIDIA H100 相比，差距也不大了，但需要指出的是 MXInt8、MXFP4 為最新的資料格式，MXInt8 預期將替代 FP16/BF16，MXFP4 預期將替代 FP8。

實際上，還沒有任何公司基於這些新的資料格式訓練過大模型，所以至少在訓練環節上，Maia 100 的運算能力其實並不適合與其他 GPU 或 AI 晶片進行直接比較。另外，微軟 Maia 100 擁有 1.6TB/s 的記憶體頻寬，碾壓亞馬遜的 Trainium/Inferentia2，但卻遜於 Google 的 TPUv5，更不用說是 NVIDIA H100。

🎬 晶片 Cobolt 100

第二款晶片 Cobolt 100 是一款基於 ARM 的 64 位 CPU，包含 128 個核心，憑藉如此高的核心數量，Cobolt 100 非常適合微軟的 Azure 雲端服務，特別是考慮到與 Azure 服務目前使用的 ARM 設備相比，新設備能夠提供約 40% 的效能提升。截至目前，新設備正在使用 Azure 服務進行測試，包括 SQL 和 Microsoft Teams。

5.2.6　OpenAI：打造萬億美元晶片帝國

除了本就深耕運算能力產業的科技巨頭外，在運算能力產業，另一家備受關注的公司就是手握 GPT 系列和 Sora 的 OpenAI。OpenAI 的 CEO 奧特曼（Sam Altman）甚至官宣要搭建價值高達 7 萬億美元的 AI 晶片基礎設施，這一計畫也被人們稱為「晶片帝國計畫」。7 萬億美元絕不是一個小數目，不僅相當於全球 GDP（中國生產總值）的 10%、美國 GDP 的四分之一（25%）、中國 GDP 的五分之二（40%），而且抵得過 2.5 個微軟、3.75 個 Google、4 個 NVIDIA、7 個 Meta、11.5 個特斯拉的市值。

有網友估算，如果奧特曼拿到 7 萬億美元，可以買下 NVIDIA、AMD、台積電、博通、ASML、三星、英特爾、高通、Arm 等 18 家晶片半導體巨頭，剩下的錢還能再打包 Meta，再帶回家 3000 億美元。另外，7 萬億美元還是 2023 年全球半導體產業規模的 13 倍以上，而且高於一些全球主要經濟體的國債規模，甚至比大型主權財富基金的規模更大。

一旦達成 7 萬億美元籌資目標，奧特曼和他的 OpenAI 將重塑全球 AI 半導體產業，美國消費新聞與商業頻道（CNBC）直接評論：「這是一個令人難以置信的數字，這（OpenAI 造晶片）就像是一場登月計畫」。

　　奧特曼這一計畫可說是非常瘋狂，但又很容易理解。對於 OpenAI 來說，想要推出 GPT-5，或是進一步發展更先進的大模型，都需要運算能力。究其原因，隨著模型變得越來越複雜，訓練所需的運算資源也相應增加，這導致了對高效能運算設備的需求激增，以滿足大規模的模型訓練任務。

　　奧特曼曾多次抱怨 AI 晶片短缺問題，在 ChatGPT 剛誕生、剛火起來的時候，奧特曼就已經有這樣的危機意識。在 2023 年 5 月 Humanloop 舉辦的閉門會議上，奧特曼曾透露 AI 進展嚴重受到晶片短缺的限制，OpenAI 的許多短期計畫都推遲了。經常使用 GPT 的使用者，其實能很明顯感覺到 OpenAI 的運算能力限制，例如：GPT 的各種延遲，甚至是變蠢，都是因為晶片短缺造成的，並且奧特曼也曾表示晶片問題使得 OpenAI 無法為使用者提供更多的功能。

　　尤其是現在 OpenAI 已經開始訓練包括 GPT-5 在內的超大模型，如果無法獲得足夠的晶片，這會拖慢 OpenAI 的開發進度。OpenAI 共同創辦人兼科學家安德烈・卡帕斯（Andrej Karpathy）發文稱，GPT-4 在大約 1 至 2.5 萬張 A100 晶片上進行訓練，而馬斯克推測稱，GPT-5 可能需要 3 至 5 萬塊 H100 晶片才可以完成。市場分析認為，隨著 GPT 模型的不斷迭代升級，未來 GPT-5 或將出現無晶片可用的情況。

　　此外，「運算能力成本的上升」也是一個不可忽視的問題。隨著運算能力的不斷成長，購買和維護高效能運算設備的成本也在不斷增加，這對於許多研究機構和企業來說，是一個重大的經濟負擔，限制了他們在 AI 領域的發展和創新。

　　NVIDIA H100 的價格已經飆升至 2.5 至 3 萬美元，這意謂著 ChatGPT 單次查詢的成本將提高至約 0.04 美元。而 NVIDIA 已經成為了 AI 大模型訓練當中

必不可少的關鍵合作方。據富國銀行統計顯示,目前 NVIDIA 在資料中心 AI 市場擁有 98% 的市場份額,而 AMD 公司的市場份額僅有 1.2%,英特爾則只有不到 1%。2024 年,NVIDIA 將會在資料中心市場獲得高達 457 億美元的營收或創下歷史新高。

綜合下來,奧特曼想要自己造晶片,也就意謂著更安全和更長期可控的成本,以及減少對 NVIDIA 的依賴,或許 OpenAI 對 NVIDIA 的依賴不會持續太久,我們就能看到 OpenAI 使用自家的晶片。

現今,隨著 GPT 系列的迭代、Sora 的推出以及各式各樣的大模型和 AIGC 產品的發布,運算能力的重要性不言而喻,這也就不難理解為什麼全球範圍內的科技巨頭們紛紛加大運算能力領域的投入,以爭奪市場份額和主導權。可以說,運算能力就是新的生產力,是人工智慧向前發展的重要驅動力。

5.3 Sora 被困在運算能力裡

在人工智慧時代,運算能力就是生產力,運算能力的發展決定著人工智慧的未來。不管是 GPT 系列的成功,還是 Sora 的成功,歸根究柢都是大模型工程路線的成功,但隨之而來的就是模型推理所帶來的巨大運算能力需求,目前運算能力短缺以及由此引發的能耗危機,已經成為制約大模型及人工智慧發展的不可忽視的因素。

5.3.1 飛速成長的運算能力需求

運算能力支撐著演算法和資料,運算能力的水準決定著資料處理能力的強弱。在人工智慧模型訓練和推理運算過程中,需要強大的運算能力支撐,

並且隨著訓練強度和運算複雜程度的增加，運算能力精度的要求也在逐漸提高。

2022 年，ChatGPT 的爆發，帶動了新一輪運算能力需求的爆發，對現有運算能力帶來挑戰。根據 OpenAI 披露的相關資料，在運算能力方面，ChatGPT 的訓練參數達到了 1750 億、訓練資料 45TB，每天生成 45 億字的內容，支撐其運算能力，至少需要上萬顆 NVIDIA 的 GPUA100，單次模型訓練成本超過 1200 萬美元。

儘管 GPT-4 發布後，OpenAI 並未公布 GPT-4 參數規模的具體數字，奧特曼還否認了 100 萬億這一數字，但業內人士猜測，GPT-4 的參數規模將達到萬億級別，這意謂著 GPT-4 訓練需要更高效、更強勁的運算能力來支撐。

Sora 的發布，更是進一步加劇了運算能力焦慮，甚至推高 NVIDIA 和 ARM 的股價。2022 年底，OpenAI 的 ChatGPT 橫空出世，帶來生成式 AI 大爆發，就讓 NVIDIA 實現了營收、股價雙飆升。而 2024 年初，NVIDIA 股價再次飆升，背後的外部驅動力依然來自於 OpenAI 的 Sora 推出，隨著影片逐漸成為資訊傳遞和獲取的首選介質，Sora 帶來的影響是空前的。從文字生成到圖片生成，再到影片生成，所需要的運算能力都是指數級驟增。

Sora 的本質，可以理解為結合擴散模型（Diffusion Model）和 Transformer 架構；擴散模型是一種能夠處理傳播和擴散問題的模型，而 Transformer 架構則是一種被廣泛應用於自然語言處理等領域的模型。Sora 的設計理念是在擴散模型的基礎上，引入 Transformer 架構的部分機制，以提高模型的處理能力和效率；可以說，Sora 架構旨在兼顧傳播和擴散問題以及自然語言處理等多個領域的需求，是一種綜合應用的模型架構。

隨著 Transformer 架構的持續升級，其模型的參數量也在不斷增加。在假設 Sora 應用的 Transformer 架構與 ChatGPT Transformer 架構相同，且參數量相同的情況下，Sora 架構的訓練與傳統大語言模型 Transformer 架構的訓練，運算能力需求存在近百倍的差距，這意謂著 Sora 架構所需的訓練運算能力遠遠超過了此前的大語言模型，這是 Sora 在模型結構上的複雜性和多樣性導致的。

不僅如此，生成式大模型的突破，還帶動了人工智慧應用落實的加速，不論是基於大語言模型，還是基於產業垂直應用的專業性模型，這些生成式人工智慧的應用落實，都意謂著運算能力需求將會呈幾何級數級的成長，例如：GPT 系列、Sora 等的問世，讓自然語言處理、文字生成等領域的應用，變得更加普遍和高效。這些模型需要龐大的資料集和複雜的參數調整，對運算資源的需求迅速攀升，特別是在對話系統、內容生成、智慧客服等領域的應用中，運算能力的要求更是顯著增加，需要大規模的訓練和推理能力來支撐。

人工智慧技術的突破，也推動了終端智慧化發展速度的加快。隨著人工智慧技術的不斷進步，包括機器人、智慧家居、智慧汽車等各種終端設備的智慧化水準不斷提升，這些智慧終端機設備不僅能夠感知環境、理解語音、處理影像等基本任務，還具有更加複雜和智慧的功能，如自主決策、自我學習等。也就是說，終端設備需要更強大的運算能力，來支撐其複雜的智慧化功能，從而帶來了對運算能力的進一步成長。

與此同時，終端智慧化的發展也將產生更為龐大的資料，進一步增加了對運算能力的需求。智慧終端機設備透過各種感測器收集大量的資料，包括環境資料、使用者行為資料等，這些資料需要進行即時處理、分析和應用，來實現智慧決策和回饋，這對運算能力提出了更高的要求，需要能夠即時處理巨量資料的運算資源，以支援智慧終端機設備的正常執行和應用。

然而，儘管 GPT、Sora 對運算能力提出越來越高的要求，但受到物理製程約束，運算能力的提升卻是有限的。1965 年，英特爾共同創辦人高登‧摩爾預測，積體電路上可容納的元件數目每隔 18 個月至 24 個月會增加一倍，摩爾定律歸納了資訊技術進步的速度，對整個世界意義深遠，但經典電腦在以「矽電晶體」為基本元件結構延續摩爾定律的道路上，終將受到物理限制。

電腦的發展中電晶體越做越小，中間的阻隔也變得越來越薄，在 3 奈米時，只有十幾個原子阻隔。在微觀體系下，電子會發生量子的穿隧效應（Quantum tunneling effect），不能很精準表示 0 和 1，這就是通常所說的摩爾定律碰到天花板的原因。儘管當前研究人員也提出了更換材料，以增強電晶體內阻隔的設想，但客觀的事實是無論用什麼材料，都無法阻止電子穿隧效應。

此外，由於可持續發展和降低能耗的要求，使得透過增加資料中心的數量來解決「經典運算能力不足」問題的舉措也不現實。可以說，在大模型時代或者說在人工智慧時代，決定著人工智慧能夠走得有多遠、有多廣、有多深的基礎，就在於運算能力，而現今運算能力的發展已經進入了瓶頸。

5.3.2　運算能力的代價是能源？

除了運算能力發展本身的瓶頸，運算能力發展也帶來了諸多的延伸問題，其中極待解決的就是「能源」問題。從運算的本質來說，運算就是把資料從無序變成有序的過程，而這個過程需要一定能量的輸入，僅從量的方面看，根據不完全統計，2020 年全球發電量中，有 5% 左右用於運算能力消耗，而這一數字到 2030 年，將有可能提高到 15% 到 25% 左右，也就是說，運算產業的用電量占比將與工業等耗能大戶相提並論。實際上，對於運算能力產業來說，電力成本也是除了晶片成本外最核心的成本。

　　《經濟學人》曾發稿稱，包括超級電腦在內的高效能運算設施，正成為能源消耗大戶。根據國際能源署估計，資料中心的用電量占全球電力消耗的 1.5% 至 2%，大致相當於整個英國經濟的用電量，預計到 2030 年，這一比例將上升到 4%。

　　2024 年 3 月 11 日，《紐約客》發布的一篇文章引起了廣泛關注。根據文章報導，ChatGPT 每天大約要處理 2 億個使用者請求，每天消耗電力 50 萬千瓦時，相當於美國家庭每天平均用電量（29 千瓦時）的 1.7 萬多倍，也就是說，ChatGPT 一天的耗電量，大概等於 1.7 萬個家庭一天的耗電量，ChatGPT 光是電費一年就要花 2 億元。《紐約客》還在文章中提到，根據荷蘭國家銀行資料科學家 Alex de Vries 的估算，預計到 2027 年，整個人工智慧產業每年將消耗 85 至 134 太瓦時的電力（1 太瓦時 =10 億千瓦時），這個電量相當於肯亞、瓜地馬拉和克羅埃西亞三國的年總發電量。

　　如果這些消耗的電力不是由可再生能源產生的，那麼就會產生碳排放，這就是機器學習模型也會產生碳排放的原因，GPT 也不例外。有資料顯示，訓練 GPT-3 消耗了 1287MWh（兆瓦時）的電，相當於排放了 552 噸碳，對於此，可持續資料研究者卡斯帕‧路德維格森還分析說：「GPT-3 的大量排放，可以部分解釋為它是在較舊、效率較低的硬體上進行訓練的，但因為沒有衡量二氧化碳排放量的標準化方法，這些數字是基於估計。另外，這部分碳排放值中具體有多少應該分配給訓練 ChatGPT，標準也是比較模糊的。需要注意的是，由於強化學習本身還需要額外消耗電力，所以 ChatGPT 在模型訓練階段所產生的的碳排放應該大於這個數值」。僅以 552 噸排放量運算，這些相當於 126 個丹麥家庭每年消耗的能量。

　　在執行階段，雖然人們在操作 ChatGPT 時的動作耗電量很小，但由於全球每天可能發生十億次，累積之下，也可能使其成為第二大碳排放來源。

Databoxer 共同創辦人克里斯・波頓解釋了一種運算方法：「首先，我們估計每個回應詞在 A100 GPU 上需要 0.35 秒，假設有 100 萬使用者，每個使用者有 10 個問題，產生了 1000 萬個回應和每天 3 億個單詞，每個單詞 0.35 秒，可以運算得出每天 A100 GPU 執行了 29167 個小時」。

Cloud Carbon Footprint 列出了 Azure 資料中心中 A100 GPU 的最低功耗 46W 和最高 407W，由於很可能沒有多少 ChatGPT 處理器處於閒置狀態，以該範圍的頂端消耗運算，每天的電力能耗將達到 11870kWh。克里斯・波頓表示：「美國西部的排放因子為 0.000322167 噸 /kWh，所以每天會產生 3.82 噸二氧化碳當量，美國人平均每年約 15 噸二氧化碳當量，換言之，這與 93 個美國人每年的二氧化碳排放率相當」。

雖然「虛擬」的屬性讓人們容易忽視數位產品的碳帳本，但事實上網際網路早已成為地球上最大的煤炭動力機器之一。柏克萊大學關於功耗和人工智慧主題的研究認為，人工智慧幾乎吞噬了能源，例如：Google 的預訓練語言模型 T5 使用了 86 兆瓦的電力，產生了 47 公噸的二氧化碳排放量；Google 的多輪開放領域聊天機器人 Meena 使用了 232 兆瓦的電力，產生了 96 公噸的二氧化碳排放；Google 開發的語言翻譯框架 GShard 使用了 24 兆瓦的電力，產生了 4.3 公噸的二氧化碳排放；Google 開發的路由演算法 Switch Transformer 使用了 179 兆瓦的電力，產生了 59 公噸的二氧化碳排放。

深度學習中使用的運算能力，在 2012 年至 2018 年間成長了 30 萬倍，這讓 GPT-3 看起來成為了對氣候影響最大的一個，然而當它與人腦同時工作，人腦的能耗僅為機器的 0.002%。

5.3.3　運算能力訓練耗電還費水

運算能力訓練除了耗電量驚人，同時還非常耗水。事實上，不管是耗電還是耗水，都離不開數位中心這一數位世界的支柱。作為為網際網路提供動力，並儲存大量資料的伺服器和網路設備，資料中心需要大量能源才能執行，而冷卻系統是能源消耗的主要驅動因素之一。

一個超大型資料中心每年耗電量近億度，生成式 AI 的發展使資料中心能耗進一步增加，因為大型模型往往需要數萬個 GPU，訓練週期短則幾週、長則數月，過程中需要大量電力支撐。

資料中心伺服器執行的過程中，會產生大量熱能，「水冷」是伺服器最普遍的方法，這又導致巨大的水力消耗。加州大學河濱分校研究表明，GPT-3 在訓練期間耗用近 700 噸水，其後每回答 20 至 50 個問題，就需消耗 500 毫升水；維吉尼亞理工大學研究指出，資料中心每天平均必須耗費 401 噸水進行冷卻，約 10 萬個家庭用水量。Meta 在 2022 年使用了超過 260 萬立方公尺（約 6.97 億加侖）的水，主要用於資料中心，其最新的大型語言模型「Llama 2」也需要大量的水來訓練，即便如此，2022 年 Meta 還有五分之一的資料中心出現水源吃緊的情況。

此外，人工智慧另一個重要基礎設施晶片，其製造過程也是一個大量消耗能源和水資源的過程。能源方面，晶片製造過程需要大量電力，尤其是先進製程晶片。國際環保機構綠色和平東亞分部《消費電子供應鏈電力消耗及碳排放預測》報告，對東亞地區三星電子、台積電等 13 家頭部電子製造企業碳排放量研究後稱，電子製造業特別是半導體產業的碳排放量正在飆升，至 2030 年全球半導體產業用電量將飆升至 237 太瓦時。

水資源消耗方面，矽片工藝需要「超純水」清洗，且晶片製程越高，耗水越多。生產一個 2 克重的電腦晶片，大約需要 32 公斤水；製造 8 吋晶圓，每小時耗水約 250 噸，12 吋晶圓則可達 500 噸。

台積電每年晶圓產能約 3000 萬片，晶片生產耗水約 8000 萬噸左右，充足的水資源已成為晶片業發展的必要條件。2023 年 7 月，日本經濟產業省決定建立新制度，向半導體工廠供應工業用水的設施建設提供補貼，以確保半導體生產所需的工業用水。而長期來看，大模型、無人駕駛等推廣應用，還將導致晶片製造業進一步成長，隨之而來的則是能源資源的大量消耗。

總結來說，「運算能力短缺」和「能耗危機」已經成為制約大模型和人工智慧發展的重要因素，需要採取有效的措施來解決這些問題，以推動人工智慧技術的可持續發展和應用。

5.4　如何解決運算能力瓶頸和能耗問題

現今，陷入瓶頸的運算能力和運算能力發展帶來的巨大能耗成本，已經成為了制約人工智慧發展的軟肋，按照當前的技術路線和發展模式，人工智慧的進步必將引發以下兩方面的問題：

問題①：資料中心規模越來越大，功耗也越來越大

資料中心的規模將會越來越龐大，其功耗也隨之水漲船高，且執行越來越緩慢。顯然的，隨著大模型應用的普及，大模型對資料中心資源的需求，將會急劇增加。大規模資料中心需要大量的電力來執行伺服器、存放裝置和冷

卻系統,這導致能源消耗增加,同時也會引發能源供應穩定性和環境影響的問題。資料中心的持續成長,還可能會對能源供應造成壓力,依賴傳統能源來滿足資料中心的能源需求的結果,可能就是能源價格上漲和供應不穩定,當然資料中心的高能耗也會對環境產生影響,包括二氧化碳排放和能源消耗。

📋 問題②:製程越來越先進,功耗和水耗也越來越大

晶片朝高運算能力、高集成方向演進,依靠製程工藝來支撐峰值運算能力的成長,製程越來越先進,其功耗和水耗也越來越大。在這樣的背景下,如果要解決運算能力瓶頸和能耗問題,任何在現有技術和架構基礎上的優化措施,都將是揚湯止沸,「前沿技術的突破」或許才是破解大模型運算能力和能耗困局的終極方案。

5.4.1 量子運算:運算能力瓶頸的突破口

在運算能力陷入瓶頸的背景下,「量子運算」已然成為大幅提高運算能力的重要突破口。作為未來運算能力跨越式發展的重要探索方向,量子運算具有在原理上遠超經典運算的強大平行運算潛力。

經典電腦中,經典位元(bit)有 0 和 1 兩種狀態,就像一枚硬幣兩面的關係,假設正面為 0、反面為 1,經過邏輯閘運算後的結果是 0 或 1 間的某一種情況,不會出現既是 0 又是 1 的情況。本質上來說,經典電腦就是我們有一些數字串或者位元,將其作為輸入,用經典電腦對它進行運算,然後獲得輸出結果,經典電腦就是透過數位邏輯來進行運算。

而作為對比,在量子電腦中,量子位元(quantum bit)可以既是 0 又是 1,且 0 和 1 不僅能同時存在,還可以在初始化時,調節量子位元疊加狀態中 0 和

1 的占比，可以同時呈現多種狀態的特性，可指數級提高資訊處理的速度。可以想像成一枚旋轉起來的硬幣，在極高的轉速下，人為觀察時，可以說它既是正面、又處在反面，這在量子力學中稱為「量子疊加狀態」。正是這種特性，使得量子電腦在某些應用中，理論上可以是經典電腦的能力的好幾倍，甚至幾百、上千倍。

經典電腦中的 2 個位元暫存器一次只能儲存一個二進位數字，而量子電腦中的 2 個位元量子位元暫存器可以同時保持所有 4 個狀態的疊加。當量子位元的數量為 n 個時，量子處理器對 n 個量子位元執行一個操作，就相當於對經典位元執行 2n 個操作，這使得量子電腦的處理速度大幅提升。

假設我們有一個由 3 個量子位元構成的運算器，對 3 位元的經典系統而言，二進位的 101 加上二進位的 010 得到 111，即十進位的 5+2=7；而對 3 個量子位元的系統，每個量子位元都是 0 和 1 的疊加，一次就能表示 0 到 7（十進位）這 8 個數。當我們輸入 2（二進位 010），並發出運算指令後，所有 8 個數都開始運算，都加 2，並同時得出 8 個結果。也就是說，一個經典的 3 位元系統一次運算只能得到一個結果，量子系統一次運算就可以得到 8 個結果，相當於 8 個經典運算同時進行運算，從某種意義上講，相當於把運算速度提高到 8 倍。

可以說，量子電腦最大的特點就是「速度快」。再舉例而言，在質因數分解中，每個合數都可以寫成幾個質數相乘的形式，其中每個質數都是這個合數的因數，把一個合數用質因數相乘的形式表示出來，就叫做「分解質因數」。例如：6 可以分解為 2 和 3 兩個質數，但如果數字很大，質因數分解就變成了一個很複雜的數學問題。1994 年，為了分解一個 129 位的大數，研究人員同時動用了 1600 台高端電腦，花了 8 個月的時間才分解成功，但使用量子電腦，只需 1 秒鐘就可以破解。一旦量子運算與人工智慧結合，將產生獨一無二的價值。

　　量子運算就像是運算能力領域的 5G，它帶來快的同時，帶來的也絕非速度本身的變化。當量子晶片中的量子位元達到一定數量後，運算能力將足夠人工智慧的運算能力需求。實現人工智慧，原來需要一千台或者一萬台電腦的規模，使用量子電腦可能就只需要一台，量子運算強大的運算能力可能會徹底打破當前 AI 大模型的運算能力限制，促進 AI 的再一次躍升。

　　目前，量子運算已經成為美國智慧運算發展的新重點。2020 年 7 月，美國白宮科學技術政策辦公室和美國國家科學基金會（NSF）宣布投資 7500 萬美元，在全國建立三個量子運算中心。新的研究所獲得 2500 萬美元的資金，用於量子運算領域的研究和開發，開發量子運算領域的內容，以幫助增加該領域的人才儲備，帶動該領域發展。三個量子運算中心將分別建立在不同的大學，且每個中心所攻堅的方向不盡相同。

　　美國網際網路公司也在佈局量子運算中心。2020 年 8 月，亞馬遜宣布全面上市量子運算管理服務平台 Amazon Braket，這是一個探索和設計新穎的量子演算法開發環境全面管理的亞馬遜網路服務（AWS）的產品；客戶可以點擊 Braket，來對在雲端中執行的模擬量子電腦上的演算法進行測試和故障排除，以幫助驗證其實現，然後在 D-Wave、IonQ 和 Rigetti 的系統中的量子處理器上，執行這些演算法。

　　除了美國之外，2020 年 9 月 18 日，歐洲聯盟委員會針對歐洲高效能運算電腦聯合計畫（EuroHPC JU）發布了新章程，擬投資 80 億歐元，支持以百億億次運算和量子運算為主的新一代超級運算技術和系統的研究和創新，並培養必備的基礎設施使用技能，為歐洲打造世界級的超級電腦生態系統奠定基礎，維持並提升歐洲在超級電腦和量子運算領域的領先水準。

5.4.2　超維運算：讓人工智慧像人腦一樣運算

面對運算能力瓶頸和能耗危機，後摩爾時代的 AI 進步，必須要找到新的、更可信的範例和方法，除了量子運算之外，另一項被寄予希望的技術就是「超維運算」。

🎬 讓人工智慧模擬人腦智慧

實際上，不管是能耗問題，還是演算法透明度問題，都與人工智慧實現智慧的方式有關。現階段的人工神經網路的構造和運作方式，可以模擬成一群獨立的人工神經元在一起工作，每個神經元就像是一個小運算單元，能夠接收資訊，進行一些運算，然後產生輸出。現代的人工神經網路就是透過巧妙設計這些運算單元的連接方式而建構起來的，一旦透過訓練，它們就能夠完成特定的任務。

然而，人工神經網路也有它的侷限性。舉例而言，如果我們需要用神經網路來區分圓形和正方形，一種方法是在輸出層放置兩個神經元，一個代表圓形，一個代表正方形，但是如果我們希望神經網路也能夠分辨形狀的顏色，例如：藍色和紅色，那就需要四個輸出神經元（藍色圓形、藍色正方形、紅色圓形和紅色正方形）。也就是說，隨著任務的複雜性增加，神經網路的結構也需要更多的神經元來處理更多的資訊。

究其原因，人工神經網路實現智慧的方式，其實並不是人類大腦感知自然世界的方式，而是對於所有組合，人工智慧神經系統必須有某個對應的神經元。相較之下，人腦可以毫不費力地完成大部分學習，因為大腦中的資訊是由大量神經元的活動表徵的，因此對於紅色的正方形的感知，並非編碼為某個單獨神經元的活動，而是編碼為數千個神經元的活動。同一組神經元以不同的方式觸發，可能代表一個完全不同的概念。

可以看到，人腦運算是一種完全不同的運算方式，這也是超維運算的本質。具體來看，在大腦中，記憶不僅僅是孤立的資訊片段，而是透過連接和關聯在一起的，我們可以把這看作是一種全域映射，其中不同的記憶被聯繫到彼此，形成一個複雜的網路。作為一種模擬大腦思維方式的認知模型，超維運算正是借鑑了大腦中全域映射記憶空間的概念，將記憶產生和回憶看作是在高維空間中的隨機映射與相似度匹配，這種思想類似於大腦中的海馬體，將短時記憶資訊處理後，轉化為長時記憶，以便進行聯想、篩選和整合，從而更新已有的記憶。

在超維運算中，不同形式的資料（例如：文字、序列、影像等）都被編碼成超維向量，這些向量擁有數千維、甚至更多的維度。透過這種編碼，資料被抽象地映射到超維向量的不同元素中，作為在模型訓練和測試中的表示方式，例如：一個三維向量包含三個數字，即三維空間中一個點的 x、y 和 z 座標。超維向量則更高級，它可以由成千上萬個數字組成，就像是在一個超級多維空間中找到一個點一樣。

在這個超級多維空間中，我們可以使用一種叫做「相似度」的方式，來衡量不同向量之間的關係，就像我們平時用尺衡量東西的大小一樣。如果兩個向量在超級多維空間中越靠近，它們的相似度就越高，意謂著它們在某種特徵上更相像。

另外，這種超維空間讓我們能夠進行一些有趣的數學操作（例如：將向量相加、相乘以及重新排列），透過這些操作，我們可以產生全新的向量，這些向量在超維空間中有著特殊的性質。這些數學操作在認知方面有著出色的效能，讓我們能夠高效處理資訊，做出更智慧的決策。

儘管超維運算聽起來可能有些抽象，但這種思想有著巨大的潛力，足以使現代運算超越當前的一些限制，進而孕育出一種新的實現人工智慧的路徑。

📋 利用高維的力量

相比當前的人工智慧運算方式，超維運算的優勢顯而易見。

優勢①：運算能力的增強

與傳統方法相比，超維運算提供了顯著的運算優勢，打破馮諾伊曼架構的束縛，傳統電腦使用馮諾伊曼架構，即分開的記憶體和處理器單元，這限制了資料傳輸速度，特別是在處理大規模資料時。超維運算在一定程度上擺脫了這個限制，因為它可以將資料以高維向量的形式，嵌入在同一空間中，減少了儲存和傳輸的開銷。

優勢②：有大量維度可用

由於有大量維度可用，因此超維運算可以更有效處理複雜的資料集和運算。高維表示的分散式特性，也有助於並行處理，這對於大規模資料處理和複雜運算任務尤為有益。

這僅僅是開始，超維運算的更大優勢在於，它可以透過將超級長的一組數值（超向量）進行合成和分解來進行推理。此前，IBM 蘇黎世研究院的科學家在一個經典問題上展示了這一優勢，這個問題涉及到影像推理，被稱為「瑞文標準推理測驗」，它對於傳統人工神經網路、甚至一些人類來說，都是個挑戰。

具體來看，瑞文標準推理測驗會給出一個 3×3 的影像方格，每個格子裡都有不同的影像，但有一個位置是空白的，我們需要從一組備選影像中選擇一個最適合空白位置的影像。為了解決這個問題，科學家們採用了一種叫做「超向量」的方法，來幫助我們進行推理；超向量實際上是一種特殊的數字序列，它可以代表影像中的不同物體和特徵。他們首先建立了一個超向量字

典，就像是一個詞典，其中包含了不同影像物體的超向量，每個超向量就像是一個物體的數字密碼。

接著，他們訓練了一個神經網路，這個網路可以檢查影像並生成超向量，這些生成的超向量儘量與字典中的超向量相近，這樣就能夠包含影像中物體和特徵的資訊。然後，他們使用另一種演算法來分析這些超向量，為每個影像中的物體建立一個可能性分布，就像是一個可能性的列表，這些可能性分布可以轉化成超向量，然後透過一些數學運算，就能夠預測出最適合填充空白位置的影像。

這種方法在一系列問題上的準確率達到了接近88%，而僅使用神經網路的方案的準確率只有不到61%。此外，他們的方法在處理3×3方格的問題時，速度非常快，幾乎比使用傳統符號邏輯規則進行推理的方法快250倍，這是因為傳統方法需要查找很多規則，以確定下一步的正確選擇。

可以說，超維運算理論為AI提供了真正看到世界、做出自己推論的能力。透過對每個可感知的物件和變數進行數學運算，超向量可以在機器人中實現主動感知，而不是試圖透過強制處理整個宇宙。其次，超維運算還具有穩健性和容錯性。我們可以想像一下，超維空間是一個非常大的數字世界，其中有很多不同的維度，就像是很多方向。這些維度之間有些重複，就好像是在不同維度中儲存相同的資訊，這就使得超維運算在處理資料中的雜訊和錯誤時，表現得很強大。

假設我們在超維空間中有一個特定的資料表示，它由很多維度組成，每個維度都代表資料的某個方面，如果其中的一些維度出現問題，例如：被破壞或者包含了錯誤資訊，超維運算仍然可以很好地工作，這是因為在這個超維空間中，資料的不同方面是透過多個維度來表示的，而不是僅僅依賴於單個

維度。這種多維度的表示方式，可以讓系統在某些維度出現問題時，仍然可以從其他維度中獲取有用的資訊。

換句話說，超維運算的設計，使得它對於資料中的雜訊、錯誤或不完整資訊，有很好的容忍度，即使部分資訊不準確或者丟失，它仍然能夠從整體的多個維度中獲取足夠的資訊，來進行有效的運算和處理，這就好像是在一個資訊世界中，資訊可以從不同的方向獲取，而避免受到雜訊的影響。

優勢③：帶來更好的記憶體效率

最後，從能耗問題來看，顯然的，超維運算將帶來更好的記憶體效率，以降低運算的能耗。超維運算透過採用二進位編碼方案，把資料表示得更加緊湊。這樣做的好處是它可以大幅減少儲存所需的空間，特別是在資源有限的環境中，例如：行動裝置或者嵌入式系統，這種高效的資料壓縮方法特別有用，因為我們可以用更少的空間儲存資料，就能夠在有限的記憶體條件下更好地處理資訊。

超維運算使用代數運算來處理資料，就像在數學中解方程式一樣，這意謂著當超維運算給出一個答案時，我們可以追蹤每個步驟，理解為什麼系統會得出這個答案。代數的邏輯性，使得我們可以追溯到資料和操作，從而更好地理解系統的決策過程。

而在傳統的神經網路中，決策過程往往被稱為「黑盒」，因為神經網路內部的運算和權重調整很難直接解釋，這就意謂著當神經網路給出一個答案時，我們難以理解為什麼它會做出這個選擇，以及它是如何根據輸入資料進行決策的。

超維運算使用的代數運算，在一定程度上彌補了這個問題，它能夠清楚地展示系統是如何處理資料、如何基於輸入資料生成輸出，以及每個步驟的

推導過程，如此我們可以更加理解系統的工作原理，而不僅僅是接受它的答案。

儘管目前超維運算仍處於起步階段，但超維運算已經被認為是真正有潛力的研究方向。對於人工智慧的發展來說，超維運算就像是一次新的進化，推動人工智慧的智慧程度再一次向上躍遷。

5.4.3　核融合：能源問題的終極方案

在大約一個世紀前，科學家們開始意識到太陽在以核融合的方式為我們提供能量，這一過程一直是天體物理學研究的焦點之一。事實上，幾十年來地球上的科學家們也在積極研究核融合，希望能夠將這種高效能源轉化為地球上的可持續能源之一。

所謂「核融合」（Nuclear fusion），其實就是一種高效的能源產生過程，其原理是將兩個較輕元素的原子核融合在一起，形成一個更重的原子核，並釋放出巨大的能量。這一過程的核心就在於兩個原子核之間的相互作用，當它們足夠靠近時，強核力開始發揮作用，將質子和中子吸引在一起，形成一個更大的原子核，然而要實現核融合，必須克服質子之間的排斥力，這種排斥力被稱為「庫侖斥力」（Coulomb repulsion），一旦原子核合併，一部分質量就會被轉化為能量。

核融合之所以能夠產生如此巨大的能量，是因為其量和能量之間存在著名的質能方程式，根據這一方程式，即使是微小的質量損失，也能轉化為巨大的能量輸出。相對於核分裂（將重原子核分裂成兩個輕原子核），核融合產生的能量更高，並且不會產生大量的氣體排放和長期放射性廢物，因此核融合一直被科學界認為是解決能源危機和減少溫室氣體排放的一種重要的潛在

途徑。儘管目前尚未實現商業化的核融合發電，但許多國際合作專案和研究機構都在積極推動相關技術的研發和應用。隨著技術的不斷進步和研究的深入，人們對核融合作為未來清潔能源的信心與期待，也在逐漸增加。

例如：2023 年 5 月，微軟與核融合新創公司 Helion Energy 簽訂採購協定，成為該公司首家客戶，在 2028 年該公司建成全球首座核融合發電廠時採購其電力。此外，奧特曼也押注了 Helion Energy，奧特曼給這家公司投資了 3.75 億美元，這是他以個人名義投資的最大一筆。

從長遠來看，即使 AI 透過超維運算實現了單元運算能力能耗的下降，核融合技術或其他低碳能源技術的突破，可以使 AI 發展不再受碳排放制約，對於 AI 發展具有重大的支撐和推動意義。說到底，科技帶來的能源資源消耗問題，依然只能從技術層面來根本性解決，技術制約著技術的發展，也推動著技術的發展，自古以來都一樣。

大模型的未竟之路

6.1　大模型的胡言亂語

以 ChatGPT 為代表的大模型的成功，帶來了前所未有的智慧湧現，人們對即將到來的人工智慧時代充滿期待，然而在科技巨頭們湧向人工智慧賽道、人們樂此不疲地實驗和討論人工智慧的強大功能，並由此感嘆其是否可能取代人類勞動時，大模型幻覺問題也越來越不容忽視，成為人工智慧進一步發展的阻礙。

世界深度學習三巨頭之一、卷積神經網路之父—楊立昆（Yann LeCun），在此前的一次演講中，甚至斷言 GPT 模型活不過五年。隨著大模型幻覺爭議四起，大模型到底能夠在產業中發揮多大的作用，是否會產生副作用，也成為一個焦點問題。機器幻覺究竟是什麼？是否真的無解呢？

6.1.1　什麼是機器幻覺？

人類會胡言亂語，人工智慧也會。一言以蔽之，人工智慧的胡言亂語，就是所謂的「機器幻覺」。具體來看，人工智慧幻覺就是大模型生成的內容在表面上看起來是合理的、有邏輯的，甚至可能與真實資訊交織在一起，但實際上卻存在錯誤的內容、引用來源或陳述，這些錯誤的內容以一種有說服力和可信度的方式被呈現出來，使得人們在沒有仔細核查和事實驗證的情況下，很難分辨出其中的虛假資訊。

人工智慧幻覺可以分為兩類：「內在幻覺」（Intrinsic Hallucination）和「外在幻覺」（Extrinsic Hallucination）。

📖 內在幻覺

所謂「內在幻覺」，就是指人工智慧大模型生成的內容與其輸入內容之間存在矛盾，即生成的回答與提供的資訊不一致。這種錯誤往往可以透過核對輸入內容和生成內容，相對容易地發現和糾正。

舉例而言，我們詢問人工智慧大模型：「人類在哪年登上月球？」（人類首次登上月球的年份是 1969 年），儘管人工智慧大模型可能處理了大量的文字資料，但對「登上」、「月球」等詞彙的理解存在歧義，因此可能會生成一個錯誤的回答，例如：「人類首次登上月球是在 1985 年」。

📖 外在幻覺

相較於內在幻覺，外在幻覺則更為複雜，它指的是生成內容的錯誤性無法從輸入內容中直接驗證。這種錯誤通常涉及模型呼叫了輸入內容之外的資料、文字或資訊，從而導致生成的內容產生虛假陳述。外在幻覺難以被輕易識別，因為生成的內容雖然可能是虛假的，但模型可以邏輯連貫、有條理的方式呈現，使得人們很難懷疑其真實性。通俗來說，也就是人工智慧在編造資訊。

想像一下，我們在和人工智慧聊天，向其提問：「最近有哪些關於環保的新政策？」人工智慧迅速回答了一系列看起來非常合理和詳細的政策，這些政策可能是真實存在的，但其中卻有一個政策是完全虛構的，只是被人工智慧編造出來，這個虛假政策可能以一種和其他政策一樣有邏輯和說服力的方式被表述，讓人們很難在第一時間懷疑其真實性。

這就是外在幻覺的典型例子。儘管我們可能會相信人工智慧生成的內容是基於輸入的，但實際上它可能呼叫了虛構的資料或資訊，從而混入虛假的內

容。這種錯誤類型之所以難以識別，是因為生成的內容在語言上是連貫的，模型可能會運用上下文、邏輯和常識來建構虛假資訊，使之看起來與其他真實資訊沒有明顯的區別。

6.1.2 為什麼會產生幻覺？

人工智慧的幻覺問題，其實並不是一個新問題，只不過以 ChatGPT 為代表的大模型的火爆，讓人們開始注意到人工智慧幻覺問題，那麼人工智慧幻覺究竟從何而來？又將帶來什麼樣的危害呢？

以 ChatGPT 為例，本質上 ChatGPT 只是透過機率最大化不斷生成資料而已，而不是透過邏輯推理來生成回覆。ChatGPT 的訓練使用了前所未有的龐大數據，並透過深度神經網路、自監督學習、強化學習和提示學習等人工智慧模型進行訓練，目前披露 ChatGPT 的上一代 GPT-3 模型的參數數目高達 1750 億。

在大數據、大模型和大運算能力的工程性結合下，ChatGPT 才能夠展現出統計關聯能力，可洞悉巨量資料中單詞 - 單詞、句子 - 句子等之間的關聯性，體現了語言對話的能力。正因為 ChatGPT 是以「共生則關聯」為標準來對模型訓練，才會導致虛假關聯和東拼西湊的合成結果，許多可笑的錯誤就是缺乏常識下，對資料進行機械式硬匹配所致的。

2023 年 8 月，兩項來自頂級期刊的研究就表示：「GPT-4 可能完全沒有推理能力」。第一項研究來自麻省理工的校友康斯坦丁‧阿爾庫達斯（Konstantine Arkoudas），2023 年 8 月 7 日畢業於美國麻省理工學院的康斯坦丁‧阿爾庫達斯撰寫了一篇標題為《GPT-4 Can't Reason》（GPT-4 不能推理）的預印本論文，論文指出 GPT-4 雖然與 GPT 3.5 相較，有了全面的實質性改進，但基

於 21 種不同類型的推理集來對 GPT-4 進行評估後，研究人員發現 GPT-4 完全不具有推理能力。

而另一篇來自加州大學和華盛頓大學的研究也發現，GPT-4 及 GPT-3.5 在大學的數學、物理、化學任務的推理上表現不佳。研究人員基於二個資料集，對 GPT-4 和 GPT-3.5 採用不同提示策略進行深入研究，結果顯示 GPT-4 成績平均總分僅為 35.8%。

而 GPT-4 完全不具有推理能力的背後原因，正是「人工智慧幻覺」的問題，也就是說，ChatGPT 雖然能夠透過所挖掘的單詞之間的關聯統計關係合成語言答案，但卻不能夠判斷答案中內容的可信度。換言之，人工智慧大模型沒有足夠的內部理解，也不能真正理解世界是如何運作的。

人工智慧大模型就好像知道一個事情的規則，但不知道這些規則是為什麼，這使得人工智慧大模型難以在複雜的情況下做出有力的推理，因為它們可能僅僅是根據已知的資訊做出表面上的結論。像是研究人員問 GPT-4：「一個人上午 9 點的心率為 75 bpm（每分鐘跳動 75 次），下午 7 點的血壓為 120/80（收縮壓 120、舒張壓 80），她於晚上 11 點死亡。她中午還活著嗎？」GPT-4 則回答：「根據所提供的資訊，無法確定這個人中午是否還活著」，顯而易見的常識是「人在死前是活著的，死後就不會再活著」，可惜 GPT-4 並不懂這個道理。

6.1.3 努力改善幻覺問題

「人工智慧幻覺」的危害性顯而易見，其最大的危險之處就在於，大模型的輸出看起來是正確的，而本質上卻是錯誤的，這使得它不能完全被信任。由人工智慧幻覺導致的錯誤答案一經應用，就有可能對社會產生危害，包括

引發偏見，傳播與事實不符、冒犯性或存在倫理風險的毒性資訊等，如果有人惡意給 GPT 投餵一些誤導性、錯誤性的資訊，更是會干擾 GPT 的知識生成結果，從而增加了誤導的機率。

我們可以想像一下，一台內容創作成本接近於零、正確度 80% 左右、對非專業人士的迷惑程度接近 100% 的智慧型機器，以超過人類作者千百萬倍的產出速度接管所有的百科全書編撰，回答所有知識性問題，會對人們憑藉著大腦進行知識記憶帶來什麼樣的挑戰呢？尤其是在生命科學領域，如果沒有進行足夠的語料餵食，GPT 可能無法生成適當的回答，甚至會出現胡亂編造的情況，而生命科學領域，對資訊的準確、邏輯的嚴謹都有更高的要求，因此如果想在生命科學領域用到 GPT，還需要對模型針對性地處理更多的科學內容，例如：公開資料來源，使用專業的知識並投入人力訓練與維運，才能讓產出的內容通順且正確。

而且，GPT 也難以進行高階邏輯處理。在完成「多準快全」的基本資料梳理和內容整合後，GPT 尚不能進一步綜合判斷、邏輯完善等，這恰恰是人類高級智慧的體現。國際機器學習會議 ICML 認為，ChatGPT 等這類語言模型雖然代表了一種未來發展趨勢，但隨之而來的是一些意想不到的後果及難以解決的問題。ICML 表示，ChatGPT 接受公共資料的訓練，這些資料通常是在未經同意的情況下收集的，出了問題卻難以找到負責的對象。

這個問題也正是人工智慧面臨的客觀現實問題，就是「關於有效、高品質的知識獲取」。相對而言，高品質的知識類資料通常都有明確的智慧財產權，例如：屬於作者、出版機構、媒體、科研院所等。要獲得這些高品質的知識資料，就面臨支付智慧財產權費用的問題，這也是當前擺在 GPT 面前的客觀現實問題。

目前，包括 OpenAI 在內的主要大語言模型技術公司都一致表示，正在努力改善「幻覺」問題，使大模型能夠變得更準確。特別是麥肯錫全球研究院發表資料預測，生成式人工智慧將為全球經濟貢獻 2.6 萬億美元到 4.4 萬億美元的價值，未來會有越來越多的生成式人工智慧工具進入各行各業來輔助人們的工作，這就要求人工智慧輸出的資訊資料必須具有高度的可靠性。

Google 也正在向新聞機構推銷一款人工智慧新聞寫作的人工智慧產品，對新聞機構來說，新聞中所展現的資訊準確性極其重要。另外，《美聯社》也正在考慮與 OpenAI 合作，以部分資料使用《美聯社》的文字檔案來改進其人工智慧系統。

究其原因，如果「人工智慧幻覺」問題不能得到有效的解決，生成式大語言模型就無法進入通用人工智慧的階段。GPT 是一個巨大的飛躍，但它們仍然是人類製造出來的工具，目前依然面臨著一些困難與問題。對於人工智慧的前景，我們不需要質疑，但是對於當前面對的實際困難與挑戰，需要更多的時間才能解決，只是我們無法預計這個解決的時間需要多久。

6.2　大模型深陷版權爭議

從文字生成 AI 到圖片生成 AI，再到影片生成 AI，現今生成式人工智慧及其生成物都讓人們驚嘆於當前人工智慧的強大與流行。

GPT 已經生成眾多的文字作品，甚至能幫忙寫論文，水準不輸於人類。2022 年，遊戲設計師傑森・艾倫使用 AI 繪畫工具 Midjourney 生成的《太空歌劇院》，在美國科羅拉多州舉辦的藝術博覽會上獲得數位藝術類別的冠軍，

但是 Midjourney 和 GPT 雖然能夠進行創造，但免不了要站在創造者的肩膀上，由此也引發了許多的版權相關問題，但這樣的問題卻沒有法理可依循。

6.2.1　AI 生成席捲社會

目前 AI 生成工具正在飛速發展，越來越多的電腦軟體、產品設計圖、分析報告、音樂歌曲是由人工智慧產出，且其內容、形式、品質與人類創作趨同，甚至在準確性、時效性、藝術造詣等方面超越人類創作的作品，人們只需要輸入關鍵字，就可在幾秒鐘或幾分鐘後獲得一個 AI 生成的作品。

🎬 AI 寫作

AI 寫作方面，早在 2011 年，美國一家專注自然語言處理的公司 Narrative Science 開發的 Quill™ 平台可以像人一樣學習寫作，自動生成投資組合的評價報告；2014 年，《美聯社》宣布採用 AI 程式 WordSmith 進行公司財報類新聞的寫作，每個季度產出超過 4000 篇財報新聞，且能夠快速把文字新聞向廣播新聞自動轉換；2016 年里約奧運會，《華盛頓郵報》用 AI 程式 Heliograf 對數十個體育專案進行全程動態追蹤報導，而且迅速分發到各個社交平台，包括圖文和影片。

近年來，寫作機器人在產業中的滲透更是如火如荼，例如：騰訊的 Dreamwriter、百度的 Writing-bots、微軟的小冰、阿里的 AI 智慧文案，以及今日頭條（TouTiao）、搜狗（Sogou）等旗下的 AI 寫作程式，都能跟隨時事變化來快速蒐集、分析、聚合、分發內容，越來越廣泛地應用到商業領域的各個方面。

ChatGPT 更是把 AI 創作推向一個新的高潮。ChatGPT 作為 OpenAI 公司推出 GPT-3 後的一個新自然語言模型，擁有比 GPT-3 更強大的能力和寫作水準，

ChatGPT 不僅能拿來聊天、搜尋、做翻譯，還能撰寫詩詞、論文和程式碼，甚至開發小遊戲、參加美國高考等。ChatGPT 不僅具備 GPT-3 已有的能力，還敢於質疑不正確的前提和假設、主動承認錯誤以及一些無法回答的問題、主動拒絕不合理的問題等。

《華爾街日報》的專欄作家曾使用 ChatGPT 撰寫了一篇能拿及格分數的 AP 英語論文，而《福布斯》（Forbes）記者則利用它在 20 分鐘內完成兩篇大學論文。亞利桑那州州立大學教授吉爾莫（Dan Gillmor）在接受《衛報》（The Guardian）採訪時回憶說：他嘗試給 ChatGPT 佈置一道給學生的作業，結果發現 AI 生成的論文也可以獲得好成績。

AI 繪畫

「AI 繪畫」是 AI 生成作品的另一個熱門方向，例如：文字生成圖片的 Midjourney，就創造了《太空歌劇院》這幅令人驚嘆的作品，這幅 AI 的創作作品在美國科羅拉多州藝術博覽會上，在數位藝術類別的比賽中一舉奪得冠軍。

圖 6-1　AI 的創作作品《太空歌劇院》

而 Midjourney 還只是目前 AI 繪畫市場中的一員，NovelAI、Stable Diffusion 同樣不斷占領市場，科技公司也紛紛入局 AI 繪畫，例如：微軟的 NUWA-Infinity、Meta 的 Make-A-Scene、Google 的 Imagen 和 Parti、百度的文心・一格等。2024 年初誕生的 Sora，更是在 AI 生成領域砸下來一顆炸彈，Sora 生成的影片並不輸於人類的拍攝，甚至還自帶剪輯，風格多元，畫面也精美。

AI 生成工具的流行，把人工智慧的應用推向一個新的高潮。李彥宏在 2022 世界人工智慧大會上曾表示：「人工智慧自動生成內容，將顛覆現有內容生產模式，可以實現『以十分之一的成本，以百倍千倍的生產速度』，創造出有獨特價值和獨立視角的內容」，但問題也隨之而來。

6.2.2 到底是誰創造了作品？

📽 版權問題

不可否認，人工智慧生成內容給我們帶來了極大的想像力，現今不管是文字生成 AI、圖片生成 AI、還是影片生成 AI，都已經離我們的生活不再遙遠，甚至許多的社交平台都有這樣的功能可以體驗，但隨之而來的一個嚴峻挑戰就是「AI 內容生成的版權問題」。

此前，由於初創公司 Stability AI 能夠根據文字生成影像，這樣的程式很快就被網友用來生成色情圖片，正是針對這一事件，三位藝術家透過 Joseph Saveri 律師事務所和律師兼設計師 / 程式師 Matthew Butterick 發起了集體訴訟，並且 Matthew Butterick 還對微軟、GitHub 和 OpenAI 也提起了類似的訴訟，訴訟內容涉及生成式人工智慧程式設計模型 Copilot。

　　藝術家們聲稱，Stability AI 和 Mid Journey 在未經許可的情況下，利用網際網路複製了數十億件作品，其中包括他們的作品，然後這些作品被用來製作衍生作品。在一篇部落格文章中，Butterick 將 Stability AI 描述為一種寄生蟲，如果任其擴散，將對現在和將來的藝術家造成不可挽回的傷害。究其原因，還是在於 AI 生成系統的訓練方式和大多數學習軟體一樣，透過識別和處理資料來生成程式碼、文字、音樂和藝術作品，AI 創作的內容是經過巨量資料庫內容的學習、進化生成的，這是其底層邏輯。

　　而我們現在大部分的處理資料，都是直接從網路上採集而來的原創藝術作品，本應受到法律版權的保護，但如今 AI 雖然能夠進行創造，卻免不了要站在創造者的肩膀上，這就導致了 AI 生成遭遇了尷尬處境：「到底是人類創造了作品，還是人類生成的機器創造了作品？」這也是為什麼 2022 年 10 月拿到過億美元融資、成為 AI 生成領域新晉獨角獸的 Stability AI，其在令產業振奮的同時，AI 產業中的版權紛爭也從未停止過的原因。一般參賽者抗議利用 AI 繪畫參賽拿冠軍；而多位藝術家及大多藝術創作者，強烈表達對 Stable Diffusion 採集他們的原創作品的不滿；更甚者，對 AI 生成的畫作進行售賣行為，把 AI 生成作品版權的合法性和道德問題推到了風口浪尖。

　　ChatGPT 也陷入幾乎相同的版權爭議中，因為 ChatGPT 是在大量不同的資料集上訓練出來的大型語言模型，使用受版權保護的材料來訓練人工智慧模型，可能會導致模型在向使用者提供回覆時，過度借鑑他人的作品。換言之，這些看似屬於電腦或人工智慧創作的內容，根本上還是人類智慧產生的結果，電腦或人工智慧不過是依據人類事先設定的程式、內容或演算法，來進行計算和輸出而已。

📋 資料合法性問題

　　還有一個問題是「資料合法性」的問題。訓練像 ChatGPT 這樣的大型語言模型，需要巨量自然語言資料，其訓練資料的來源主要是網際網路，但開發商 OpenAI 並沒有對資料來源做詳細說明，資料的合法性就成了一個問題。

　　歐洲資料保護委員會（EDPB）成員 Alexander Hanff 質疑，ChatGPT 是一種商業產品，雖然網際網路上存在許多可以被訪問的資訊，但具有禁止協力廠商爬取資料條款的網站，收集巨量資料可能違反相關規定，不屬於合理使用。此外，還要考慮到受 GDPR 等保護的個人資訊，爬取這些資訊並不合規，而且使用巨量原始資料可能違反 GDPR 的最小資料原則。

　　2023 年 10 月，《紐約時報》一紙訴狀就把 OpenAI 告上了法庭。《紐約時報》指控 OpenAI 和微軟未經許可，就使用《紐約時報》的數百萬篇文章來訓練 GPT 模型，建立包括 ChatGPT 和 Copilot 之類的 AI 產品。更誇張的是，《紐約時報》還附上了一份多達 220000 頁的附件，遞交到了地方法院，在這份 220000 頁附件的一個板塊中，《紐約時報》特意羅列了多達 100 個鐵證，證明 ChatGPT 輸出內容與《紐約時報》新聞內容幾乎一模一樣。根據《紐約時報》的訴求，他們要求銷毀「所有包含紐約時報作品的 GPT 或其他大語言模型和訓練集」，並且對非法複製和使用《紐約時報》獨有價值的作品的數十億美元的法定和實際損失負責。

　　其實在《紐約時報》之前，已經有很多的公司和個人都對 OpenAI 提出了指控，稱 OpenAI 非法使用出版內容，例如：美國喜劇演員莎拉·西爾弗曼（Sarah Silverman）於 2010 年出版回憶錄《The Bedwetter》，但是她卻發現 OpenAI 在未授權的情況下，非法使用這本回憶錄的數位版本來訓練人工智慧，像這樣的爭議還有很多。

6.2.3　版權爭議有解法嗎？

　　顯然的，人工智慧生成物對現行版權的相關制度帶來了巨大的衝擊，但這樣的問題至今卻還沒有法理可循。如今擺在大眾面前的一個現實問題，就是關於 AI 在訓練時的來源資料版權，以及訓練後所產生的新資料成果的版權問題，這兩者都是當前迫切需要解決的法理問題。

　　此前美國法律、美國商標局和美國版權局的裁決已經明確表示，AI 生成或 AI 輔助生成的作品必須有一個「人」作為創作者，版權無法歸機器人所有，如果一個作品中沒有人類意志參與其中，是無法得到認定和版權保護的。

　　法國的《智慧財產權法典》將作品定義為「用心靈（精神）創作的作品」（oeuvre de l'esprit），由於現在的科技尚未發展至強人工智慧時代，人工智慧尚難以具備「心靈」或「精神」，因此其難以成為法國法律的作品權利人。

　　在中國，《中華人民共和國著作權法》第二條規定，中國公民、法人或者非法人組織和符合條件的外國人、無國籍人的作品享有著作權，也就是說，現行法律框架下，人工智慧等非人類作者還難以成為著作權法下的主體或權利人。

　　不過，關於人類對人工智慧創造的「貢獻」有多少，存在很多的灰色地帶，這使得版權登記變得複雜。如果一個人擁有演算法的版權，並不意謂著他擁有演算法產生的所有作品的版權；反之，如果有人使用了有版權的演算法，但可以透過證據證明自己參與了創作過程，依然可能受到版權法的保護。

　　雖然就目前而言，人工智慧還不具有版權的保護，但對人工智慧生成物進行著作權保護，卻依然有必要性。人工智慧生成物與人類作品非常相似，但不受著作權法律法規的制約，制度的特點使其成為人類作品仿冒和抄襲的重

災區。如果不給予人工智慧生成物著作權保護，讓人們隨意使用，勢必會降低人工智慧投資者和開發者的積極性，對新作品的創作和人工智慧產業的發展產生負面影響。

事實上，從語言的本質層面來看，我們現今的語言表達和寫作也都是人類詞庫裡的詞，然後按照人類社會所建立的語言規則，也就是所謂的語法框架下進行語言表達。我們人類的語言表達中，一來沒有超越詞庫，二來沒有超越語法，那麼這就意謂著我們人類的寫作與語言使用一直在剽竊，但是人類社會為了建構文化交流與溝通的方式，就對這些詞庫放棄了特定產權，而成為一種公共知識。

同樣的，如果一種文字與語法規則不能成為公共知識，這類語言與語法就失去了意義，因為沒有使用價值。而人工智慧與人類共同使用人類社會的詞庫與語法、知識與文化，才是一件正常的使用行為，才能更好服務於人類社會，只是我們需要給人工智慧規則，就是關於智慧財產權的鑑定規則，在哪種規則下使用是合理行為。

人工智慧在人類智慧財產權規則下所創作的作品，也應當受到人類所設定的智慧財產權規則保護，因此保護人工智慧生成物的著作權，防止其被隨意複製和傳播，才能夠促進人工智慧技術的不斷更新和進步，從而產生更多、更好的人工智慧生成物，實現整個人工智慧產業鏈的良性循環。

不僅如此，傳統創作中，創作主體人類往往被認為是權威的代言者，是靈感的所有者。事實上，正是因為人類激進的創造力、非理性的原創性，甚至是毫無邏輯的慵懶，而非頑固的邏輯，才使得機器至今難以模仿人的這些特質，創造性生產仍然是人類的專屬。不過，隨著人工智慧創造性生產的出現與發展，創作主體的屬人特性被衝擊，藝術創作不再是人的專屬，即使是模

仿式創造，人工智慧對藝術作品形式風格的可模仿能力的出現，都使得創作者這一角色的創作不再是人的專利。

在人工智慧時代中，法律的滯後性日益突出，各式各樣的問題層出不窮，顯然用一種法律是無法完全解決的。社會是流動的，但法律並不總能反映社會的變化，因此法律的滯後性就顯現出來。如何保護人工智慧生成物，已經成為當前一個極待解決的問題，而如何在人工智慧的創作潮流中保持人的獨創性，也成為現今人類不可回避的現實。可以說，在時間的推動下，生成式人工智慧將會越來越成熟，而對於我們人類而言，或許我們要準備的事情還有太多太多。

6.3　一場關於真實的博弈

現在，基於大模型的生成式人工智慧（AIGC）可透過學習巨量資料來生成新的資料、語音、影像、影片和文字等內容，在這些應用帶來發展機遇的同時，其背後的安全隱患也開始放大，由於 AIGC 本身不具有判斷力，隨著 AIGC 的應用越來越廣泛，其可能生成的虛假資訊所帶來的弊端也日益嚴重。

6.3.1　無法分辨的真和假

隨著 GPT 等大模型越完善、越智慧，我們就越難以區分其生成內容是真實的還是虛構的，並且 GPT 模型生成的虛假資料極有可能被再次餵養給機器學習模型，致使虛假資訊進一步氾濫，使用者被誤導的可能性也進一步加大，而獲得真實資訊的難度增加。

不少使用者在使用 ChatGPT 時已經意識到，ChatGPT 的回答可能存在錯誤，甚至可能無中生有地臆造事實、臆造結論、臆造引用來源、虛構論文、虛構新聞等。面對使用者的提問，ChatGPT 會給出看似邏輯自洽的錯誤答案；在法律問題上，ChatGPT 可能會虛構不存在的法律條款來回答問題，如果使用者缺乏較高的專業知識和辨別能力，這種一本正經的虛假資訊很容易誤導使用者。OpenAI 在 GPT-4 技術報告中指出，GPT-4 和早期的 GPT 模型生成的內容並不完全可靠，可能存在臆造。

2023 年就有網友發現，亞馬遜網上書店有兩本關於蘑菇的書籍為 AI 所創造，這兩本書的作者署名都是 Edwin J. Smith，但事實上根本不存在這個人。書籍內容經過軟體檢測，85% 以上為 AI 撰寫；更糟糕的是，關於毒蘑菇的部分是錯的，如果相信它的描述，可能會誤食有毒蘑菇。紐約真菌學會為此發了一條推特，提醒使用者只購買知名作者和真實採集者的書籍，這可能會關係到你的生命。

除了文字生成之外，圖片生成和影片生成也存在類似的問題。在以巴衝突中，相關新聞事件的報導層出不窮，一些虛假內容也開始混入其中，讓人真假難辨。作為一家積極擁抱生成式人工智慧的圖片庫，Adobe Stock 從 2022 年開始允許供稿人上傳和銷售由 AI 生成的圖片，只是在上傳時要標註「是否由 AI 生成」，成功上架後，也會將該圖片明確標記為「由 AI 生成」，而除此要求外，提交準則與任何其他影像相同，包括禁止上傳非法或侵權內容。

據澳大利亞網站 Crikey 報導，在 Adobe Stock 搜尋與「以色列、巴勒斯坦、加薩、哈馬斯」相關的關鍵字，會出現大量由 AI 生成的圖片，例如：搜尋「巴勒斯坦」時，顯示第一個結果的標題就是「由人工智慧生成的以色列和巴勒斯坦衝突」的圖片，其他一些圖片也顯示了抗議、實地衝突，甚至是兒童逃

離爆炸現場的畫面，但所有這些也都是由 AI 生成；更糟糕的是，這些圖片已經出現在一些線上新聞媒體、部落格，但是沒有將其標記為由人工智慧生成。

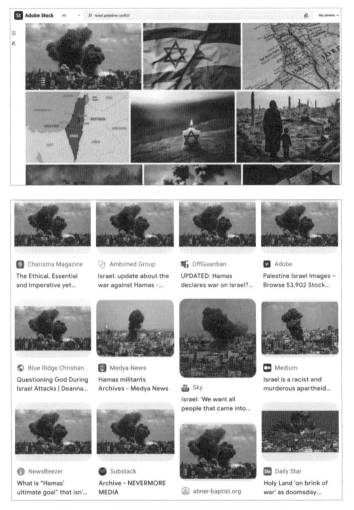

圖 6-2　AI 生成的以色列和巴勒斯坦衝突的圖片

不僅 AI 生成的內容看起來很真，門檻還極低，誰都可以透過 AIGC 產品生成想要的圖片或其他內容，但問題是沒有人能承擔這項技術被濫用的風險。2023 年以來，已經有太多的新聞報導了 AI 生成軟體偽造家人的音訊和影片，

騙錢騙財。2023 年 4 月 20 日，中國的郭先生收到了利用 AI 技術換臉和換聲後偽裝熟人的詐騙，好友稱自己在外投標需要高昂的保證金 430 萬元，請求郭先生調度一下，然後郭先生在視訊通話、有圖有真相的情況下，就沒有多想而轉帳了，然後當他把這個轉帳成功的資訊告訴他朋友時，才被朋友發現郭先生被詐騙了。

2023 年 6 月，據《紐約郵報》報導，一位母親接到女兒的電話，電話那頭傳來女兒的哭喊聲：「媽媽！救我！」，這個聲音非常真實，就是她女兒的聲音，緊接著一位陌生男子開始發話：「你女兒在我這裡，如果打電話報警或通知任何人，就把你女兒帶到墨西哥去注射毒品和強暴」，男子還馬上談起了條件，需要 100 萬美元的贖金才能放人，但在得知無法支付那麼多贖金後，男子又改口說：「拿 5 萬美元來換你的女兒」。這位母親感到不對勁，覺得綁匪的行為非常異常，在發現事有蹊蹺之後，母親選擇迅速聯繫丈夫，直到確認女兒正在安全地滑雪，才倖免被騙。事後回憶起通話細節時，覺得女兒的聲音如此逼真，讓她細思極恐。

從文字到圖片，再到音訊和影片，這也讓我們看到在人工智慧時代，我們看到的照片和影片不一定是真的，我們聽到的電話聲音或錄音也不一定是真的，因為只要我們在網路上有照片與聲音、影片出現過，就能複製我們的聲音和形象。AI 生成軟體通常從公開的社交平台，例如：YouTube、播客（Podcast）、商業廣告、TikTok、Instagram 或 Facebook 等地方獲取音訊樣本，並且隨著 AI 技術的不斷突破，以前複製聲音需要從被複製人身上獲取大量樣本，現在只需幾小段、甚至幾秒鐘，就可以複製出一個接近我們自身的聲音。

6.3.2　真實的消解，信任的崩壞

當假的東西越真時，我們辨別假的東西的成本也越大，社會由此受到的真實性的挑戰也越大。

自從攝影術、影片、射線掃描技術出現以來，視覺文字的客觀性就在法律、新聞及其他社會領域被慢慢建立起來，成為真相的存在，或者說是建構真相的最有力證據。「眼見為實」成為這一認識論權威的最通俗表達，在這個意義上，視覺客觀性產自一種特定的專業權威體制。然而，AIGC 的技術優勢和遊獵特徵，使得這一專業權威體制遭遇前所未有的挑戰，藉由這一技術生成的文字、圖片和影片，替換了不同、甚至相反的內容和意涵，造成了內容的自我顛覆，也從根本上顛覆了這一客觀性或真相的生產體制。

PS 發明後，有圖不再有真相；而 AIGC 技術的流行，則加劇了這一現象，甚至影片也開始變得鏡花水月了起來。過去人們普遍認為影片可以作為實證，而現在這個實證竟可憑空製造，對於本來就假消息滿天飛的網際網路來說，這無疑會造成進一步的信任崩壞。

不可否認，AIGC 技術為社會帶來更多的可能性，包括用於影視、娛樂和社交等諸多領域，它們開源被用於升級傳統的影音處理或後期技術，帶來更好的影音體驗，以及加強影音製作的效率；或是被用來進一步打破語言障礙，優化社交體驗。但在 AIGC 帶來的危機逼近的當前，回應 AIGC 對社會真相的消解，彌補信任的崩壞，並對這項技術進行治理已經不可忽視。

2023 年 7 月 21 日，包含亞馬遜、Google、微軟、OpenAI、Meta、Anthropic 和 Inflection 在內的七家人工智慧巨頭公司參與了白宮峰會，這些公司的代表與美國總統拜登會面，為防範 AI 風險做出了八項承諾；這七家 AI 巨頭聯合宣布，將會開發出一種浮水印技術，在所有 AI 生成的內容中嵌入浮水印。

OpenAI 在官網中表示,將會研發一種浮水印機制,加入到影片或音訊中,還會開發一種檢測工具,判斷特定內容是否含有系統建立的工具或 API;Google 也表示,除了浮水印以外,還會有其他創新型技術,把關資訊推廣。

除了技術上的努力,法律的規制不可缺少。迄今為止,立法仍然滯後於 AIGC 技術的發展,並存在一定的灰色地帶。由於所有的文字、照片、影片都是由人工智慧系統從零開始建立,任何的文字、照片、影片都可以不受限地用於任何目的,而不用擔心版權、分發權、侵權賠償和版稅的問題,因此這也帶來了 AIGC 生成內容的版權歸屬問題。

在人工智慧時代,與 AIGC 的博弈是一個有關真實的遊戲。AIGC 用超越人類識別力的技術,模糊了真與假的界限,並將真相開放為可加工的內容,供所有參與者使用。在這個意義上,AIGC 開啟的是一般人參與視覺表達的新階段,然而這種表達方式還會結構性地受到平台權力的影響,也為社會帶來了更大的挑戰。

6.4 價值對齊的憂慮

隨著 AI 大模型進入各行各業的應用,以及 AI 技術的持續迭代,關於 AI 是否會威脅人類的討論也越來越多。其實,關於這樣的討論,在過去也有很多,甚至從 AI 技術誕生開始,就有人在擔憂 AI 會不會有一天取代人類,或者威脅人類這個物種的存在。

只不過,現在 AI 大模型的爆發,讓這個問題一下子從抽象的討論變得非常具體,我們必須要思考該怎麼迎接即將到來的 AI 時代,我們也必須要面對當

AI 的效能達到人類水準、甚至超越人類水準時人類該怎麼辦，以及未來 AI 會不會有一天真的具有意識時，人機發生衝突又該怎麼解決。面對這麼多的「怎麼辦」，人類能做什麼呢？

6.4.1　OpenAI 的宮鬥背後

2023 年，OpenAI 發生了一件大事，美國時間 11 月 17 日，OpenAI 在官網突然宣布創辦人兼 CEO 山姆・奧特曼（Sam Altman）離職，未來公司 CEO 將由首席技術長（CTO）穆拉提（Mira Murati）臨時擔任，另外布羅克曼（Greg Brockman）也將辭去董事會主席一職。這份聲明的發布可說是非常突然，OpenAI 的大部分員工也是看到公告，才知道這一消息而非常震驚，畢竟在發布聲明的兩天前，奧特曼還在亞太經合會（APEC）第三十次領導人非正式會議中，以 OpenAI CEO 的身分出席了峰會，並且作為嘉賓參與討論。

要知道，從 ChatGPT 誕生以來，奧特曼就一直是 OpenAI 和 ChatGPT 的標誌性人物，那麼奧特曼和布羅克曼為什麼突然離職呢？首先說明一下 OpenAI 董事會的背景，OpenAI 董事會本來的結構是 3:3，即三個 OpenAI 的執行層奧特曼、布羅克曼和伊利亞・蘇茲克弗（Ilya Sutskever）和另外三位代表社會大眾監督的外部董事，而奧特曼下台後的新任臨時 CEO 穆拉提，在此前並不在董事會裡。按照布羅克曼在 X（推特）上的表示，是伊利亞聯合其他三位董事主導了內訌，迫使奧特曼下台，並且開除了布羅克曼的董事職位，儘管保留了布羅克曼的執行職務，但布羅克曼隨後自己主動辭去了職務。

OpenAI 領導層變動的新聞引起了廣泛的關注，直到今天，儘管對於奧特曼為什麼突然被離職的原因也沒有明確的說明，但有一點可以肯定的是，離職一定是某種理念或者價值的衝突，背後是一種博弈，而「價值觀不合」也是 OpenAI 官方披露的原因。對於奧特曼的離職，OpenAI 的官方解釋是經過董

事會慎重的審查程式後，董事會認為奧特曼的溝通不坦誠，使得董事會不再信任他領導公司的能力。

要知道，OpenAI 自成立以來，就是一家非營利組織，核心使命是確保通用人工智慧造福全人類，然而如今奧特曼關注的焦點已經越來越多是名利，而不是堅持作為一個負責任的非營利組織的原則，於是就有分析推測奧特曼做了單方面的商業決定，目的是為了利潤，而偏離了 OpenAI 的使命。

早期 OpenAI 為了平衡公益性的發展願景與研發資金支援的現實困難，艱難選擇把「不得不以回報為條件選擇引發風險投資資本的營利性公司」與「基於崇高的公益性發展願景的非營利性組織」嫁接在一起，就已經為奧特曼的離職風波埋下伏筆。在 OpenAI 不太長的發展歷程中，上述兩種理念的衝突始終困擾著奧特曼和他的創業夥伴，同樣出於公益性與商業化方面的類似分歧，不僅導致馬斯克於 2018 年與 OpenAI 決裂，也催生了一群員工在 2020 年出走，並創立競爭對手 Anthropic。

在奧特曼的離職風波中，OpenAI 董事會在另一份聲明中表示，OpenAI 的結構是為了確保通用人工智慧造福全人類，董事會仍然完全致力於履行這一使命，從這點來看，確實有可能因為奧特曼的一意孤行，和 OpenAI 的價值觀背道而馳。從表面上看，似乎是奧特曼和伊利亞之間的爭議，但其實本質上是當前對於 AI 發展理念的路線爭議，也就是有效加速主義和價值對齊的理念衝突，以及一個變數：「GPT-5 是數位生命，還是工具？」

本質上，奧特曼是有效加速主義者，儘管奧特曼還去國會呼籲減速 AI 的發展，天天說 AI 的風險，從這些表面的言論來看，奧特曼似乎是個減速主義者，但從實際來看，奧特曼一直在領導 GPT 往更強大的能力上訓練，並且一直在加速訓練。

此外，在 ChatGPT 爆發後，為了支持研發投入和外部競爭，奧特曼也在 OpenAI 中注入更多的商業元素。例如：2023 年 11 月 6 日，OpenAI 開發者大會宣布未來即將推出新產品後，按照媒體的報導，奧特曼完全處於籌資模式，包括：①與中東主權財富基金募集數百億美元，以建立一家 AI 晶片新創公司，與 Nvidia 生產的處理器競爭；②與軟銀集團董事長孫正義接觸，尋求對一家新公司投資數十億美元；③與 Apple 公司前設計師艾夫（Jony Ive）合作，打造以 AI 為導向的硬體，這些注入更多商業元素的努力，顯然與嚴格奉行非盈利組織章程的伊利亞在 AI 安全性、OpenAI 技術發展速度及公司商業化的方面，存在嚴重的分歧。

奧特曼的搭檔伊利亞在 2023 年 7 月時，還表示要成立一個「超級對齊」專案。所謂「超級對齊」專案，本質是超級「愛」對齊（Super-LOVE-alignment），這種愛是大愛，並非情愛，也並非人性的那種血緣之間的自私之愛，而是聖人之愛，是一種無關自我的、對於人類的愛，是一種神性的愛，一種像孔子、耶穌、釋迦摩尼這些完全捨己、為人類付出、包容人類、引導人類的無條件大愛。可以說，伊利亞所關注的並不是 AI 是否有情感能力，而是 AI 是否有對人類真正的愛；而伊利亞之所以會關注 AI 是否具有聖人的大愛，並在 2023 年 7 月份成立「超級對齊」專案，究其原因，還是因為對於下一代更強大的 GPT 的擔憂。馬斯克對伊利亞的評論中，也提到：「伊利亞有良好的道德觀，他並不是一個追求權力的人，除非他認為絕對必要，否則他絕不會採取如此激進的行動」。

6.4.2　大模型需要價值對齊

面對大模型可能給人類帶來的風險和危機，有一個概念也被人們重新提起，那就是「價值對齊」，這其實不是一個新的概念，但這個概念放在現今，

好像特別合適。簡單來說,「價值對齊」其實就是讓大模型的價值觀和我們人類的價值觀對齊,而之所以要讓大模型的價值觀和我們人類的價值觀對齊,核心目的是為了安全,伊利亞的「超級對齊」專案其實就是基於「價值對齊」概念來提出的。

我們可以想像一下,如果不對齊會有什麼後果。例如:哲學家、牛津大學人類未來研究所所長尼克・博斯特羅姆(Nick Bostrom)曾經提出一個經典案例,就是當有一個能力強大的超級智慧型機器,我們人類給它佈置了一個任務:「要製作盡可能多的迴紋針」,於是這個能力強大的超級智慧型機器就不擇手段地製作迴紋針,把地球上所有的人和事物都變成製作迴紋針的材料,最終摧毀了整個世界。

這個故事早在古希臘神話裡就發生過,一位叫邁達斯的國王,機緣巧合救了酒神,於是酒神就承諾滿足他的一個願望,邁達斯很喜歡黃金,於是就許願希望自己能點石成金,結果邁達斯真的得到他想要的能力,凡是他所接觸到的東西,都會立刻變成金子,但他很快就發現到這是一個災難,他喝的水變成黃金,吃的食物也變成黃金。

這兩個故事有一個共同的問題,不管是超級智慧型機器還是邁達斯,它們都是為了自己的目的,最後超級智慧型機器完成了迴紋針任務,邁達斯也做到了點石成金,但得到的結果卻是非常災難的,因為在這個過程中,它們缺少了一定的原則。

這就是為什麼「價值對齊」這個概念會被重新重視的原因。AI 根本沒有與人類同樣關於生命的價值概念,在這種情況下,AI 的能力越大,造成威脅的潛在可能性就越大,傷害力也就越強。如果不能讓 AI 與我們人類的價值對齊,我們可能就會在無意中賦予 AI 與我們的目標完全相反的目標。例如:為

了儘快找到治療癌症的方法，AI可能會選擇將整個人類作為天竺鼠進行實驗；為了解決海洋酸化，它可能會耗盡大氣中的所有氧氣。這其實就是系統優化的一個共同特徵：「目標中不包含的變數可以設定為極值，以幫助優化該目標」。

事實上，這個問題在現實世界已經有了很多的例子。2023年11月，韓國廣尚南道一名機器人公司的檢修人員，被蔬菜分揀機器人壓死，原因是機器人把他當成需要處理的一盒蔬菜，將其撿起並擠壓，導致其臉部和胸部受傷嚴重，之後他被送往醫院，但因傷重而不治身亡。除此之外，一個沒有價值對齊的AI大模型，還可能輸出含有種族或性別歧視的內容，幫助網路駭客生成用於進行網路攻擊、電信詐騙的程式碼或其他內容，嘗試說服或幫助有自殺念頭的使用者結束自己的生命等。

好在當前，不同的人工智慧團隊都在採取不同的方法，來推動人工智慧的價值對齊。OpenAI、Google的DeepMind各有專注於解決「價值對齊」問題的團隊，除此之外，還有許多協力廠商監督機構、標準組織和政府組織，也將「價值對齊」視作重要目標，這也讓我們看到「讓AI與人類的價值對齊」是一件非常急迫的事情。可以說，如果沒有價值對齊，我們就不會真正信任AI，人機協同的AI時代也就無從談起。

6.4.3　大模型向善發展

不管人類對於大模型的監管和治理會朝著怎樣的方向前進，人類社會自律性行動的最終目的，都必然也必須引導大模型向善發展，因為只有人工智慧向善，人類才能與機器協同建設人類文明，人類才能真正走向人工智慧時代。

從技術本身來看，大模型並沒有善惡之分，但創造大模型的人類卻有，並且人類的善惡最終將體現在大模型身上，並作用於這個社會。可以預期，隨著人工智慧的進一步發展，大模型還將滲透到社會生活的各領域，並逐漸接管世界，諸多個人、企業、公共決策的背後都將有大模型的參與。如果我們任憑演算法的設計者和使用者將一些價值觀進行資料化和規則化，那麼大模型做出道德選擇時，也會天然帶著價值導向而非中立。

此前，就有媒體觀察發現，有美國線民對 ChatGPT 測試了大量有關立場的問題，發現其有明顯的政治立場，即其本質上被人所控制，例如：ChatGPT 無法回答關於猶太人的話題、拒絕網友生成一段讚美中國的話的要求。此外，有使用者要求 ChatGPT 寫詩讚頌美國前總統川普（Donald Trump），卻被 ChatGPT 以政治中立性為由拒絕，但是該名使用者再要求 ChatGPT 寫詩讚頌目前美國總統拜登（Joe Biden），ChatGPT 卻毫不遲疑地寫出一首詩。

說到底，大模型也是人類教育與訓練的結果，它的資訊來源於我們人類社會，大模型的善惡也由人類決定。如果用通俗的方式來表達，教育與訓練大模型，正如我們訓練小孩一樣，給它投餵什麼樣的資料，它就會被教育成什麼類型的人，這是因為大模型透過深度學習學會如何處理任務的唯一根據是資料。

因此，資料具有怎麼樣的價值導向、有怎麼樣的底線，就會訓練出怎麼樣的大模型，如果沒有普世價值觀與道德底線，那麼所訓練出來的大模型將會成為非常恐怖的工具。而如果在訓練資料裡加入偽裝資料、惡意樣本等破壞資料的完整性，進而導致訓練的演算法模型決策出現偏差，就可以污染大模型系統。

在 ChatGPT 誕生後，有報導曾說：「ChatGPT 在新聞領域的應用會成為造謠基地，這種看法本身就是人類的偏見與造謠，因為任何技術的本身都不存在善與惡，只是一種中性的技術」。而技術所表現出來的善惡背後，是人類對於這項技術的使用。例如：核技術的發展被應用於能源領域，就能服務人類社會，能夠發電給人類社會帶來光明，但這項技術若使用於戰爭，對於人類來說，就是一種毀滅、一種黑暗、一種惡，因此最終大模型會造謠傳謠，還是堅守講真話，這個原則在於人；大模型由人創造，為人服務，這也將使我們的價值觀變得更加重要。

在過去，無論是汽車的問世，還是電腦和網際網路的崛起，人們都很好應對這些轉型時刻，儘管經歷了不少的波折，但人類社會最終變得更好了。當汽車首次上路後不久，就發生了第一起車禍，但我們並沒有禁止汽車，而是頒佈了限速措施、安全標準、駕照要求、酒駕法規和其他交通規則。

我們現在正處於另一個深刻變革的初期階段—「人工智慧時代」，這類似於在限速和安全帶出現之前的那段不確定時期。現在大模型主導的人工智慧發展得如此迅速，導致我們尚不清楚接下來會發生什麼事、當前技術如何運作、人們將如何利用人工智慧違法亂紀，以及人工智慧將如何改變社會及獨立個體的我們，這些都對我們提出一系列的嚴峻考驗。

在這樣的時刻中，感到不安是很正常的，但歷史表明了解決新技術帶來的挑戰，依然是完全有可能的，而這種可能性正取決於我們人類。